WIE WIR MENSCHEN WURDEN

EINE KRIMINALISTISCHE SPURENSUCHE NACH DEN URSPRÜNGEN DER MENSCHHEIT

ドナウ川の類人猿

1160万年前の化石が語る人類の起源

MADELAINE BÖHME / RÜDIGER BRAUN / FLORIAN BREIER

マデレーン・ベーメ／リュディガー・ブラウン／フロリアン・ブライアー

シドラ房子訳

青土社

ドナウ川の類人猿　１１６０万年前の化石が語る人類の起源　目次

第六部　だれかが突破口を開いた

ドナウ川の類人猿

１１６０万年前の化石が語る人類の起源

はじめに

〝人類はどのようにして動物界を超越したのか〟というタイトルの青少年向けの本[1]を両親からプレゼントされたのは、私が一二歳のときだった。魔法のように私を惹きつけ、好奇心をそそった。このテーマの持つ魅力は、当時と少しも変わっていない。私の心中に葛藤が生まれて長いあいだ潜在意識に影響を与え、たくさんの疑問が生じた。

人間は動物の一部なのに、どうしてそこから超越できるの？　自己中心的な態度なのでは？　〝賢いヒト〟であるホモ・サピエンスは、地球にとってむしろ災厄なのでは？　人間のどこがほかの動物界と違うの？　人間を比類のない存在にしたものは何？　非常に活発な文明の発達はどうして可能になったの？　人間発生の最終的な転換になったのは、進化のどの要素だったの？　それは、現在の私たちにどんな意味を持つの？　もう一つ、きわめて重要な問題は、どれが事実でどれが推測かということ。

これらの疑問は、科学者として研究を始めたときからずっと私の頭にあり、科学は必ず背景を調査するべきだと教えてくれた。そのため、サルからヒトへの発展の起源はアフリカだけにあるという一般的な理論も、動かしがたい定説ではなかった。

この説に対する最初の疑問が生じたのは、二〇〇九年の夏だった。その後の一〇年間に無数のあらたな化石が出土し、研究が進むにつれ、疑問は強まっていった。

現在、人類進化についての研究は、ほかのどの科学分野よりダイナミックに発展しているのではないだろうか。注目すべき発掘物や、これまでの知識に疑問を投げかける調査結果が、毎月のように提示される。人類発生をもたらした地質学的・生物学的・文化的発展は何だったのか……これを調査する斬新な方法は増加の一途をたどり、数年前まで定説で通っていたことが、再び調査の対象となっている。人類進化の研究が今とくにおもしろいのは、数十年間にわたって古人類学者たちがよりどころとしてきた体系的学説が、崩壊しようとしているからだ。私の願いは、一般的なノンフィクションとして、幅広い読者層に新知識を伝えることにある。専門書を書いて古人類学の同僚たちに読んでもらうためではない。私はここ数年、胸を躍らせて研究に従事してきたが、同じくらいわくわくして読んでもらいたい。

本書の執筆計画がスタートしたときには、報告する研究結果のほんの一部しか出ていなかった。執筆しながら多数の新しい認識を統合していくのは、容易なことではない。私の率いる研究チームは、バイエルン州アルゴイ地方のカウフボイレン近郊で、これまで知られていなかった類人猿の化石を一つ、また一つと発掘していった。それは興奮を呼び起こし、人類進化史に新しい洞察をもたらした。これらの持つ意味は、現時点ではまだ完全には評価できないが、ドイツにおける最も重要な古生物学の発掘物に属する。

科学ジャーナリストのリュディガー・ブラウン、フロリアン・ブライアーとの密着した協働により、包括的で困難な執筆プロジェクトを、わりと短期間で実現することができた。

本書は、人類の起源を求める痕跡調査だ。知識を伝えるばかりでなく、進化、気候、環境の関連性についての興味を呼び覚ましたいと願っている。それを完全に理解するのは将来のことになるとしても。私たちのセルフイメージにプラスになる新しい認識を、本書によって提供したい。わかりやすくて楽しく読めることも大切だ。現時点で最古のヒト科の動物であるグレコピテクスの発見、消失、再発見についての報告は、ミステリー小説のようなところもある。この痕跡をとことん追究して本当によかったと思う。でなければ、「エル・グレコ」は歴史の塵埃に埋もれてしまっていただろう。

アルゴイで発掘された類人猿とグレコピテクスは、時とともにヘッドラインを飾るようになった。本書では、発見へのプロセスや科学的評価にとどまらず、ドイツのロックスター、ウド・リンデンベルクとの関係についても語る。そのほか、輝かしさばかりかマイナス面も持つ古人類学の全体像を描写し、研究の最新結果を伝えたい。

本書で語る人類発達史は、類人猿進化のかなりの部分をカバーしている。二〇〇〇万年以上さかのぼり、アフリカ、アジア、ヨーロッパにおけるわれわれの祖先の目まぐるしい変化——類人猿進化の始まりから、猿人、原人を経て現代までの発達——を紹介する。とくに焦点を当てるのは、人類進化の駆動力となった、気候や環境の変化だ。ヨーロッパのサバンナやアフリカの砂漠は、地中海の乾燥や氷河期と同じく重要な役割を果たした。

本書は、人類発生のためにどのような進化ステップが必要だったか、という疑問を追っていく。類人猿が困難な環境に適応したことから始まり、直立二足歩行に光を当て、人類の進化がアフリカのみで進行したわけではない理由を説明し、われわれの種族がほかのヒト科の動物と共存した世界を描写する。

それにより、人間を人間にしたものは何だったのか、進化という脈絡のなかで人間の特徴や性質をどのように説明できるか、といったことがわかる……脳、手足、新陳代謝、言語、旅行好き、火への強い関心などについてだ。現在の人間は、数百万年にわたる進化によって形成された。これについての研究は、不偏の科学の課題であり続ける。その大きな理由は、人間は動物界から超越したけれど、やはり動物界の一部にすぎないという事実……ただし、洞察力と、人間存在の背景を調査する能力を持つ。

1. Donat, Per; Ullrich, Herbert: *Wie sich der Mensch aus dem Tierreich erhob*. Berlin 1972.

第一部　「エル・グレコ」——チンパンジーと人類の分離

第1章　人類の起源——痕跡調査の始まり

私の科学の冒険は二〇〇九年に始まった。あとで振り返ると、ミステリー小説にも思われる。その年、私は教授職に就くことになった。地球古気候学といういかめしい名前だが、私の研究テーマにはぴったりだった。意味としては、陸地における過去の気候の研究、といったところだ。テュービンゲン大学は、ゼンケンベルク自然史協会と協力して〝人類進化〟というテーマの研究を立ち上げ、私の教授職をそこにリンクさせる計画だった。この激動の段階で、ソフィアにあるブルガリア自然史博物館ニコライ・スパソフ館長から電話を受けた。彼とは、研究を通して長年のつき合いがある。

私がまだ学生だった一九八八年に、ニコライとともにブルガリアにおける発掘調査に参加した。氷河時代前の脊椎動物の化石が見つかった場所だ。大昔の生物の残存物を手に取り、過去の環境の一部だったことを理解するのは、私にとって非常に印象的な体験だった。一つ、また一つとあらたな細部が出てきて、埋没した世界が少しずつ具体的になり、いきいきとしていく。ニコライは、私がそこに沈潜するのを最初から手助けしてくれた。彼は、私の知る最も優れた哺乳動物専門家の一人で、哺乳動物の解剖学的特徴についての歩く百科事典といえる。現存の動物についても、とっくに絶滅した種についてもよく知っているのだ。たとえば、私が発掘したばかりの骨がサーベルタイガーの上腕のものだとわかるのはどうしてか、あるいは、多数のシカの骨が少なくとも三種に分類できるのはどのような特徴からか、といったことを説明してくれた。二一歳の地質学専攻の学生がなぜしつこいほど解剖学に興味を持つのか、おそらく不思議に思ったのではないだろうか。というのも、私が発掘に参加したのは、地質学の状況を研究するためだったからだ。彼はそれでもすべての質問に辛抱強く答えてくれ、私はその機会をたっぷりと利用した。当時すでに私の本当の目標は、さまざまな生活空間に生存した過去の多数の生命体を研究することだったからだ。

ブルガリアのインスピレーション

それから二〇年後に電話をかけてきた彼は、一〇年前からブルガリアで探し求めていたものをついに発見した、と嬉しそうに語った。類人猿の残存部の化石……専門家はヒト科の動物と呼び、現在生存するゴリラ、オランウータン、チンパンジー、ヒトがそこに属する。ニコライが発掘したのは上顎の大臼歯で、典型的なヒト科の動物の特徴を持つという。推定七〇〇万年前と聞いて、私は唖然とした。多数の同僚の調査によると、ヨーロッパにおけるヒト科の動物はそれよりかなり前に絶滅している。数十年前から定説で、スペインやギリシャで得られた最近の研究結果もそのことを確証すると思われた。ところが、ニコライの発見はそれと完全に矛盾していた。それに、地理的にも、ブルガリア中部に位置するチルパン近郊のアズマカという、誰も予期しなかった場所だ。ブルガリアの西南部といえば、絶滅種の哺乳類が豊富なことで科学者には知られているのだから。

この地域でヒト科の動物の骨を発見したというのは、宝くじの一等に当選するようなもの。でも、私はニコライの専門知識を信頼していたので、秋の発掘キャンペーンに躊躇なく同意した。まず着目するべきなのは、地質学的背景と、発掘場所がいつの時代のものかということ。私はテュービンゲン大学の専門家四名、フランスの小グループ、ブルガリアの研究者数名とともに、アズマカで一〇日間、徹底調査を行った。地質図を作成し、堆積物や地層状況を調査し、地磁気の変化データを得るために、掘り起こした地面からボーリングコアを採取する。これは発見した上顎大臼歯の年代測定に役立つ。もちろんほかの化石も見つかった。その一つがゾウの完全な頭蓋骨で、最初の真のゾウの一種であるアナンクス属のものであることを、長鼻類化石専門家ゲオルギ・マルコフがすぐに見抜いた。同じ地層からヒト科の動物の歯とアナンクスの頭蓋骨が出るとは……このような組み合わせは、六五〇万年前と測定されたアフリカの発掘地のものしか知られていない。アズマカではほかの哺乳類の化石も発見され、古生物学の特別な場所であることが判明した。研究チームはますます情熱的かつ熱心になり、ついにニコライ・スパソフの推定した年代が確証された。

ブルガリア北部に位置するトラキア低地では、九月でも気温が三五度まで上がる。いくらか涼しくなる夕方が一日で最も過ごしやすい時間であることも多く、私たちはよくそれを利用して、本物のバルカン料理を提供するオープンエア・レストランに集まった。ラムの串焼き、ラムの頭の鍋物、ショプスカサラダ、ブルガリア産の果実蒸留酒ラキア。日中の緊張がほぐれ、口も軽くなる。そのようなある晩、私はニコライに、一九四九年に刊行されたブルーノ・フォン・フレイベルク[2]の著作のことを持ち出した。ドイツ人地質学者フレイベルクは、一九四四年にアテネ郊外のピルゴスで類人猿の下顎骨を発見したが、珍しい特徴のために分類するのは困難だった。彼自身は、アテネからほど遠からぬピケルミのものより少し後のものと推定した。古生物学の有名な発掘地ピケルミの発掘物については、八五〇〇〜七〇〇〇万年前というのが多数の科学者の意見で、当時の学会はフレイベルクの推定をでたらめとみなした。なぜなら、類人猿はそれよりずっと前にヨーロッパから姿を消したという理論と矛盾するからだ。つまり、それより数百万年後のヨーロッパには高度に進化したヒト科の動物は存在しなかった、というのが彼らの意見だが、確証されたわけではない。

ニコライと私は、すぐにピンときた。ブルガリアの大臼歯とギリシャの下顎はおそらく同じ時代のものだろう。本当に約七〇〇万年前のヨーロッパの類人猿のものなのか。そんなことがありえるのか。だとすると、人類進化史初期に、完全に新しい未知の章が開かれることになる。私は、何かが起こりつつある予感を抱いた。センセーションがすぐそこにある、と。

テュービンゲン大学における私の新しい任務領域に、まさにぴったりのトピック。決定的となるのは、顎の骨の新評価と、アズマカ、ピルゴス、ピケルミの各発掘地の精確な年代測定だが、問題はピルゴスで出土した下顎その他の化石が現在どこにあるのか、わからないことだった。噂によると、ピルゴス発掘地は閉ざされ、もうアクセスできないという。化石や発掘地の岩石状況が存在しなければ、必要な科学的前進もない。だが、私はあきらめなかった。第二次世界大戦の混乱を乗り越えたのだから、下顎はどこかに必ずあるはず……という希望を抱いて。こうして犯罪学的な痕跡捜査が始まった。それは私を一九世紀における古人類学の初期へ、ヨーロッパ政治のルーツへと導いた。第二次世界大戦中にアテネであった事件と、ほとんど忘れ去られていた金庫へと。

2. von Freyberg, Bruno: *Die Pikermi-Fauna von Tour la Reine (Attika)*. In: Annales Geologiques des Pays Helléniques, Vol. 3, 1949, p.7-10.

第2章　ギリシャの冒険――ピケルミで発掘された最初のサル

始まりは一八三八年の春、ミュンヘン動物学収集博物館でのできごとだ。ある平兵士がスピーチを行い、ギリシャの化石を購入しないか、と著名動物学者ヨハン・アンドレアス・ワグナーに持ちかけた。化石のなかの輝くクリスタルを、兵士は高価なダイヤモンドと踏んでいた。それはふつうの方解石にすぎなかったが、それでも貴重な品であることを、ワグナーはすぐに見抜いた。兵士の持つ何の変哲もない箱には、折れた骨や馬の歯などが雑然と入っていたが、そのなかに貴重なサルの下顎の化石があったからだ。

ワグナーは、地球史の過去についての研究者として名が知られていた。すでに多数の化石を調査したが、当時〝原始世界〟と呼ばれていた時代には知識のブランクがあって、ワグナーや同僚の悩みの種になっていた。ヨーロッパやアジアの多数の場所で、ライオン、ハイエナ、ゾウ、サイの化石化した残存物が発見されたので、こうした動物がかつては広域に分布していたはずだと推論した。ところが、それまでサルの化石はほとんど発見されなかった。こうした動物が現在も生息するアフリカには、すべての動物が一緒に存在しているのに、化石発掘地に見られないのはなぜか。ギリシャの発掘物は、このブランクを埋める重要な〝原始世界〟パズルのピースだ、とワグナーは考えた。発掘物を徹底的に調査したのち、メソピテクス・ペンテリクス〈Mesopithecus pentelicus〉として発表する。オナガザルの一種であり、ラングールとテナガザルを結びつけるものとして。[3]

それにしても、化石はどのようにして兵士の手に入ったのだろうか。発見のプロセスは、ミュンヘン動物学収集博物館にやってきた経路と同じくらい冒険的だった。謎めいた化石を偶然に見つけたのは、スコットランドの歴史家ジョージ・フィンレイ。太古の村落を求めて、一八三六年にアテネから二〇キロメートル北に位置するペンテリコ山の麓を移動していたときだった。一部を採集して、ドイツ人の友人で医師のアントン・リンダーマイヤーに見せたところ、さまざまな脊椎動物の骨であることがわかった。

図１　バイエルンの一兵士が発見した上顎。ミュンヘン古生物学博物館所蔵。

フィンレイとリンダーマイヤーは、古代ギリシャを熱狂的に崇拝する西欧の夢想家グループ〝親ギリシャ派〟に属し、ギリシャに移住した。ドイツにおけるこの風潮は、ヨハン・ヴォルフガング・フォン・ゲーテ、フリードリヒ・シラー、アレクサンダー・フォン・フンボルトといった名前で知られているかもしれない。一九世紀にギリシャがオスマン帝国に対して独立戦争を起こすと、親ギリシャ派はそれを支援した。

ギリシャからの違法の土産物

ギリシャとドイツ義勇軍は、フランス、イギリス、ロシアなどの大国から支援を得て、数年間かけてオスマン帝国と戦い、一八二七年にギリシャ独立を獲得した。しかし、その後も国内の不穏が続いたため、欧州大国はギリシャを共和制から王制に転換することに決めた（一八三二年）。多額の借金を抱えるギリシャに復興費用を出す条件としたのだ。二名の国王候補者が辞退したのち、バイエルン王ルートヴィヒ一世の息子で一六歳のオットーが選出された。未成年のオットーには法的能力はなかったので、一時しのぎの策だったのだろう。

それでも、一八三三年二月六日、オットーを乗せたイギリスのフリゲート艦〈マダガスカル〉が当時のギリシャの首都ナフプリオに入港した。乗船していたのはバイエルン兵三五八二名と多数の役人で、軍医アントン・リンデンマイヤーもその一人だった。

こうして、ドイツ人医師とイギリス人歴史家が、新しく設立されたギリシャ王国で出会い、共同で化石の発掘に取りかかった。ペンテリコン山麓を再び探索し、ピケルミ近郊の川床に多数の骨の化石があることがわかった。

発掘作業のために、オットーとともにギリシャに渡ったバイエルン兵の一部が雇われた。翌年には、早くもその一人が、不法に持ち出した発掘物を荷物に入れてミュンヘンに戻った。

図２　ピケルミ出土のほぼ完全なサルの顔の骨。これをもとに、ヨハン・アンドレアス・ワグナーが 1839 年にメソピテクス・ペンテリクスと命名。

図３　ピケルミ出土の骨を含む角礫岩。赤みのあるシルト岩のなかに、ウマ、レイヨウ、キリンの骨がごちゃごちゃに含まれている。

つまり、古生物学における非常に重要な発見は、盗みが発端だったのだ。別の言い方をするなら、発掘作業スタッフがこっそりとポケットマネーを得ようとしなかったら、発掘地ピケルミ[4]が世界的名声を獲得することはなかったかもしれない。

フィンレイとリンデンマイヤーが発掘したものとワグナーによる記述のおかげで、ペンテリコン山麓はまさにゴールドラッシュ・ムードに包まれた。金ではなく、ただの骨だったけれども。冒険家や科学者がピケルミの川床で発掘を行い、大学や博物館は探検隊を送り込んだ。そのおかげで、現在のヨーロッパの大きな自然史博物館では、メソピテクスの化石とともに、キリン、レイヨウ、サイ、ハイエナ、サーベルタイガーの立派な化石を観賞できる。

ピケルミの動物相は、現代のアフリカ・サバンナにおける動物界に相当する生物群集といえる。それが、古代のヨーロッパ大陸に存在した生態系として、ギリシャで最初に発見されたのだ[5]。

ピケルミによって脊椎動物・古生物学が起こり、独自の科学分野としてマークされた。

哺乳類の由来をテーマとする早期の画期的な書物に影響を与えたのは、一八五九年に発表されたダーウィンの進化論ばかりではない。ギリシャで発掘された化石もその基礎となっている[6]。動物ばかりでなく、風景や気候も常に変化していることが、ピケルミの動物相から認識できるのだ。メソピテクスは、その後一〇〇年間にわたって、ヨーロッパの消滅したサバンナ世界における唯一の記録されたサルであり続けた。

3. Wagner, Andreas Johann: *Fossile Ueberreste von einem Affenschädel.* In: Gelehrte Anzeigen, Königlich Baierische Academie der Wissenschaften zu München, 38, München 1839.
4. Dehm, Richard: *Pikermi - Athen und München.* In: Freunde der Bayerischen Staatssammlung für Paläontologie und historische Geologie München e.V., Jahresbericht und Mitteilungen, 9, S. 17-26, München 1981.
5. Abel, Ottenio: *Lebensbilder aus der Tierwelt der Vorzeit. Kapitel II:* In der Buschsteppe von Pikermi in Attika. Gustav Fischer Verlag, Jena 1922, S. 75-165.
6. Gaudry, Albert: *Animaux fossiles et géologie de l'Attique.* Paris 1862-1867.

第3章　女王の宮殿の庭園――ブルーノ・フォン・フレイベルクの発見

第一次世界大戦が勃発すると、アテネ近郊の〝化石エルドラド〟における発掘作業は中断され、ピケルミ発掘地はひっそりと放置された。やがて、二つめの偶然から、ギリシャの化石遺産への興味が再び喚起される。

バイエルン州エアランゲン出身の地質学者ブルーノ・フォン・フレイベルクが従軍地質学者として戦地に配属されたのは、一九四一年だった。従軍地質学者は国防軍内の非軍事要員なので、戦いに参加することはない。彼の任務は、軍事施設に適する土地を探し出し、土地の石が建築材にふさわしいか、飲料水をどのように供給するか、貴重な地下資源が存在するかどうかをチェックすることだった。

一九四三年、フォン・フレイベルクは、占領下にあるギリシャに配属された。アテネ北部の地質を記録し、石炭が埋蔵されているかどうかを調査し、対空システムの待避壕を強化するという任務を負っていた。ドイツ占領軍の軍事状況は極度に緊張しており、彼とスタッフはきびしい時間制約のもとにあった。パルチザンによる攻撃や妨害行為がますます頻発したばかりか、ドイツ武装親衛隊による一般市民の虐殺によって、レジスタンスが激化した。

フォン・フレイベルクらは、塔のある敷地に注意を惹かれた。そこは〝アマリア王妃の塔〟という名で知られ、独特の背景を持っていた。アマリア王女ことアマーリエ・マリー・フリーデリケ・オルデンブルク公爵夫人は、一八三六年にギリシャ国王オットー一世と結婚し、ギリシャ王国最初の王妃となった。アマリア王妃は自然、農業、庭園建設に強い関心を持ち、ギリシャに近代的造園法を導入するために〝ヘプタロフォス（七つの丘）〟を設立した。アテネ郊外に位置する二五〇ヘクタールの領地は、七つの丘にまたがっていた。だが、この名前は偶然に選ばれたのではなく、象徴的な意味を持つ。アマリア王妃をはじめとする親ギリシャ派は、コンスタンティノープルがいつの日か再びギリシャおよびキリスト正教会の首都となることを夢見ていた。コンスタンティノープルは、古代ローマと同様に七つの丘を基礎とする。アマリア王妃がヘプタロフォスに建てた塔のある宮殿が、フォン・フレイベルクの注意を惹いた。対空システムの待避壕を建築するのに、丘の南側が最適に思われた。

戦争の動乱のさなかに発見され、再び忘れられた

待避壕建築は一九四四年に始まり、掘り出した土のなかから驚くべきものが出てきた。兵士が赤いシルトから掘り出した化石がサルの完全な下顎部であることを、フォン・フレイベルクはすぐに見抜いた。作業の進行とともに、出土する骨の残存物はしだいに増え、〝ピケルミ様の重要な発掘地〟を発見したことは確実に思われた。

だが、戦時中のため、敷地全体を慎重に発掘するわけにはいかず、発掘地と、敷地のほかの場所についての地質学的状況を記録するのが精いっぱいだった。そのほか、技師リーダーと作業スタッ

フに「掘り起こしによって出る残存物を保管する」よう頼み、掘削した土のなかからできるだけみずからの手で骨の化石を取り出した。第一次世界大戦で右腕を失った彼にとって、容易なことではなかったはずだ。重要とみなしたのだろう。

地質学者フォン・フレイベルクは、古生物学も学んでいたが、化石を精密に分類するには資格を持つ専門家が必要だった。そこで、哺乳類化石に関して当時ドイツの第一人者である、ベルリンのヴィルヘルム・オットー・ディートリヒのもとに発掘物を送った。ディートリヒは、フレイベルクの推測にたがわず化石は典型的なピケルミ動物相に属することを手紙で伝え、一一種類の動物を確認した。そのなかにはキリン二種、レイヨウとガゼル五種、ウマ、サイ、ゾウ各一種が含まれる。オナガザルと誤認したものは、実はメソピテクス・ペンテリクス……つまり、地質学者のもとで発掘作業にあたったドイツ兵が一八三八年に見つけたのと同じ種だった。スタッフが最初に発見した下顎で、のちに複数の観点から誤認であったことが確認される。

一九四四年九月にドイツ軍が帰還すると、フォン・フレイベルクもアテネをあとにした。アマリア王妃の庭で出土した貴重な発掘物は、ディートリヒのもとでベルリン自然博物館（フンボルト博物館）に保管された。一九四五年二月三日の爆撃によって博物館の東棟が破壊されたとき、ギリシャの化石も相当なダメージを受けた。戦争を生き延びたフォン・フレイベルクは、非ナチ化に成功したのち、織物工場の管理人を経てエアランゲン大学に戻った。一九五〇年、地質学・古生物学研究所の教員兼研究所長に復職する。

「骨の化石は、粉砕された残存物となって……（中略）戦後ようやくエアランゲン大学に送られてきた」

彼はのちに学術報告[7]のなかで述べている。そこに、「同様にかなり損傷した」サルの下顎も含まれていた。左側の歯すべてと右側の歯数個が折れた状態だった。

彼は早くも一九四九年に、ピルゴス発掘地の地質学データにディートリヒの確定した動物種リストを添えて発表した。だが、戦争で破壊されたヨーロッパでは、彼の論文に注意を向ける者はなく、発掘物は放置された。

変化が起きたのは、一九六九年にフランクフルトの古人類学者グスタフ・ハインリヒ・ラルフ・フォン・ケーニヒスヴァルトがエアランゲン大学のフォン・フレイベルクを訪れたときだ。フォン・ケーニヒスヴァルトは当時古人類学の第一人者で、類人猿や原人ホモ・エレクトスの重要な化石をアジアで発掘した。彼は、ピルゴス出土の下顎を一目見て……戦争による損傷にもかかわらず、ベルリンの同僚ディートリヒの誤認を見抜いた。厚いエナメル質と、歯の摩耗の具合から、それまで知られていない絶滅種の類人猿と思われた。発見地域と発見者への賞讃から、彼はグレコピテクス・フレイベルギ〈Graecopithecus freybergi〉と命名した。ひらたく翻訳すると、〝フレイベルクの発見したギリシャのサル〟といったところだ。しかし、学会はほとんど興味を示さず、発掘物は忘れられたばかりでなく、紛失した。

7. von Freyberg, Bruno: *Im Banne der Erdgeschichte.* Junge & Sohn, Erlangen 1977 (Autobiographie, erschienen posthum 1981).

第4章　忘れられた宝を求めて――ニュルンベルク・ナチ党大会の地下墓地へ

ブルガリアで発見されたヒト科の動物の大臼歯は、科学の大きな成果とはいえ、やはりモザイクの一片にすぎない。私は、これがグレコピテクスの下顎と同じ種に属するのではないかという気持ちをどうしてもぬぐいきれない。だが、はっきりと証明するには、化石を現代の技術的方法で検査する必要がある。ところが、フォン・ケーニヒスヴァルトが査定してから四〇年以上経っている。グレコピテクスの残存物は、どうなったのか。再発見のチャンスはあるのだろうか。

私は、フレイベルクが退官まで勤務したエアランゲン大学から追跡を開始することにした。ところが、古生物学研究所の現職員、旧職員の誰一人として、グレコピテクスやピルゴス発掘地について聞いたことがないという。フレイベルクが一九六二年まで勤めた地質学研究所にも、それらしきものは発見できなかった。手ごたえがあったのは、追跡開始から二年後の二〇一四年一一月二〇日。大学の地質学収集物の元責任者ジークベルト・シュフラーに連絡をとったらどうかとすすめられた。シュフラーはフォン・フレイベルクとも面識があったが、リタイアして二〇年近い。だが、今回は当たりだった。

シュフラーに電話をかけたところ、地質学収集物は、フォン・フレイベルクのものも含め、すべて数年前にニュルンベルク自然史協会に寄贈したという。例外はグレコピテクスの下顎だった。

フォン・フレイベルクは直接シュフラーに連絡し、「最も貴重な収集物」だからきちんと保管するよう指示した。そこで彼は、一九八〇年代に地質学教授秘書に渡し、金庫に保管するよう頼んだ、と語った。

私はすぐに電話をかけた。後任の秘書も、金庫にある「サルの歯」のことを覚えていた。最初に入れた金庫にそのまま保管されているという。だが、ようやく送られてきた写真を見て私は目を疑った。これほどがっかりしたことはない。ウマの顎骨の化石だったのだから。何かの間違いか。再度問い合わせると、別の写真が送られてきた。緊張の瞬間。グレコピテクス・フレイベルギ……もう疑問の余地はなかった。

二〇一四年一二月六日、エアランゲン大学地質学研究所事務所を訪れ、古めかしいグレーの金庫が開かれるのを見守った。科学界から忘れ去られ、一九八〇年代の古いタッパーウェア容器におさまった下顎の骨。二年間捜し続けた化石を、おそるおそる容器から取り出し、あらゆる面を観察する。想像したよりも小さい。壊れそうなほど繊細だが、使える状態にある。フォン・フレイベルクの記述どおり、戦火でかなりダメージを受けているが、それほど問題はあるまい。大昔の骨のかけらから情報を引き出すのは、私の日常業務なのだ。最初の調査が待ちきれない思いだった。

湿っぽい〝地下墓地〟に埋没した動物界

発見の喜びが蔭ることはなかった。グレコピテクスを進化史のなかで精確に分類するには、ピルゴス出土のほかの化石も必要になる。孤立した発掘物を精確に描写し、状態のよしあしにもよるが、ある程度信憑性のある測定もできる。しかし、付加的な絶対的年代決定を行い、発掘物が地球史のその時代の、絶滅した動物界全体の一部であることをほかの化石を使って確証することが、古生物学では非常に重要なのだ。

フォン・フレイベルクもそのことを知っていたからこそ、ピルゴスでなるべくたくさんの化石を集めたのだろう。そこで私は、〝科学の宝物〟のほかの構成要素を管理しているはずのニュルンベルク自然史協会に連絡をとった。この協会はボランティアで運営され、ドイツで最も歴史の長い自然史協会に属する。膨大な所蔵品を保管するため、ニュルンベルク・ナチ党大会の馬蹄型議事堂を使用していた。最も広く、同時に最もうさんくさい建造物だ。

二〇一四年一二月のじめじめとした凍てつくある日、ニュルンベルク自然史協会のボランティア・スタッフ二名と議事堂前で待ち合わせた。花崗岩プレートに包まれた堂々たる建造物は、国家社会主義ドイツ労働者党が記念碑的な党大会を演出するために建築したもので、広さはサッカー場一八個分、高さ四〇メートル弱ある。

議事堂の地下はホールと呼べるほど広大で、車の乗り入れも可能だった。れんが壁に囲まれた室内は、一種独特な雰囲気がある。高湿度・低温度という条件のもと、ほかに保管場所のない品々が置かれていた。考古学の発掘物のほか、装置や家具類もある。

私たちは、〝地下墓地〟の奥深くに入っていった。いくつものアーチ通路を通り、角を何度か曲がる……私一人では帰り道を見つけられそうにない。やがて、一列に並んで置かれた茶色い木製の棚の前まで来た。細かく書き込んだラベルがついている。いちばん最初のラベル〈A01〉が、私たちの探すものだった。自然史協会スタッフの一人が棚を開き、〈D03―1〉と書かれた抽斗を引く。信じられない気持ちだった。厚い埃の層におおわれたフォン・フレイベルク収集物がそこにあったのだ。ネズミにかじられた黄ばんだメモ用紙に、発見者の書き込みがある。

「ピケルミ地層の動物相。アテネ北部ピルゴス、王妃の庭。一九四四年、フォン・フレイベルク収集」

発掘物のなかに、朽ちてちぎれた軍用地形図と〝Rodina〟（ブルガリア語で〝故郷〟の意味）のたばこの箱がある。中身はコットンシートにのせられたガゼルの歯のない下顎だった。物質の状態にショックを受けた。朽ちて壊れた骨に、堆積物が固まってついている。大きめの岩塊には、灰色の埃に埋もれてかすかな化石の跡があるだけで、乱雑に寄せ集められた観がある。戦争および戦後期がたっぷりと跡を残したようだ。大変な仕事が待っている。

第5章　磁力計とマイクロコンピュータ断層撮影を使って
――ハイテク・ラボにおける古代の骨の分析

私がエアランゲン大学を訪れた二〇一四年の終わりには、厳密にはグレコピテクス・フレイベルギという学名は問題視されていた。この名前を抹消するようにとの要求を、動物命名法国際審議会はすでに一九九〇年代に、アメリカ合衆国の科学者から受け取った。この審議会は、種名の認知と統一化を担当する。批判者は、グレコピテクスがピケルミ動物相と同じ年代であることを疑問視したのだ。彼らの論拠によると、これは紛失した付随発掘物に基づいて分類されたもの。ピルゴス発掘地は再発掘できない状態なので、戦争で損傷した化石だけをもとに新しい種と証明することはできない。

すべてうまくいけば、ニコライ・スパソフと私はこの議論に決着をつけることができるだろう。細部の細部にいたるまで検証する必要がある。ピルゴスの発掘物、ブルガリアの大臼歯、ピケルミの有名な化石を、現在実証されている方法〝のみ〟で分析・評価するのだ。

最初に着手したのはグレコピテクスの歯だった。研究チーム内では、ギリシャ人を意味する「エル・グレコ」というニックネームがすぐに定着した。歯はエナメル質でおおわれているため、考古学者にとって非常に価値が高い。エナメル質は、既知の有機物のなかで最も硬く、堆積物に数百万年埋もれたまま持ちこたえ、ほかの発掘物より良好な状態で発見されることも多い。そのうえ、歯によって絶滅した動物の食生活や由来がわかり、さらに環境も推論できる。

サルの化石では、歯はとくに役に立つ。なぜなら、類人猿とサルばかりか、類人猿と人類の直接の祖先を区別できるからだ（三五頁の図を参照）。犬歯の根を見ると、絶滅種あるいは現生の類人猿のものは長くて大きい。とくにオスにそれはいえる。ヒエラルキー争いでは、犬歯は相手を威圧する武器となる。大臼歯の根もやはり長く、複数ある。ふつう大臼歯一個につき、根は三本ないし四本あり、枝分かれして広がっている。それにより、特殊釘のように顎にしっかりと固定される。進化が分岐してヒトになると、大臼歯の根は収束し、先端は内側に向く。さらに小臼歯二個は、合流して一本の太い根を形成する。現代人では、ペン形の根が複数の歯根管を持つこともあり、合流が認識できる。類人猿とヒトで臼歯の形が違うのは、咀嚼の内容が違うことによる。つまり、食生活の違いにより、類人猿はヒト属とは異なる歯の形を発達させた。この概念から、古生物学では、ヒトとチンパンジーの共通の祖先が存在した時代よりあとに生存し絶滅した人類の祖先をヒトに統合している。

フォン・フレイベルクとフォン・ケーニヒスヴァルトがグレコピテクスの下顎を調べたときは、肉眼に頼るしかなかった。彼らの時代には、化石を壊さずに内部を調べる方法はなかった。現在では、コンピュータ断層撮影（ＣＴ）により内部を精確に透視し、見えないものを可視化することができる。医学で使うＣＴと同じだが、違うのは検査の対象が絶滅した生物の残存物であること。マイクロトモグラフィを使えば、数千の横断面を継ぎ合わせ、隠れた構造を千分の一ミリにいたるま

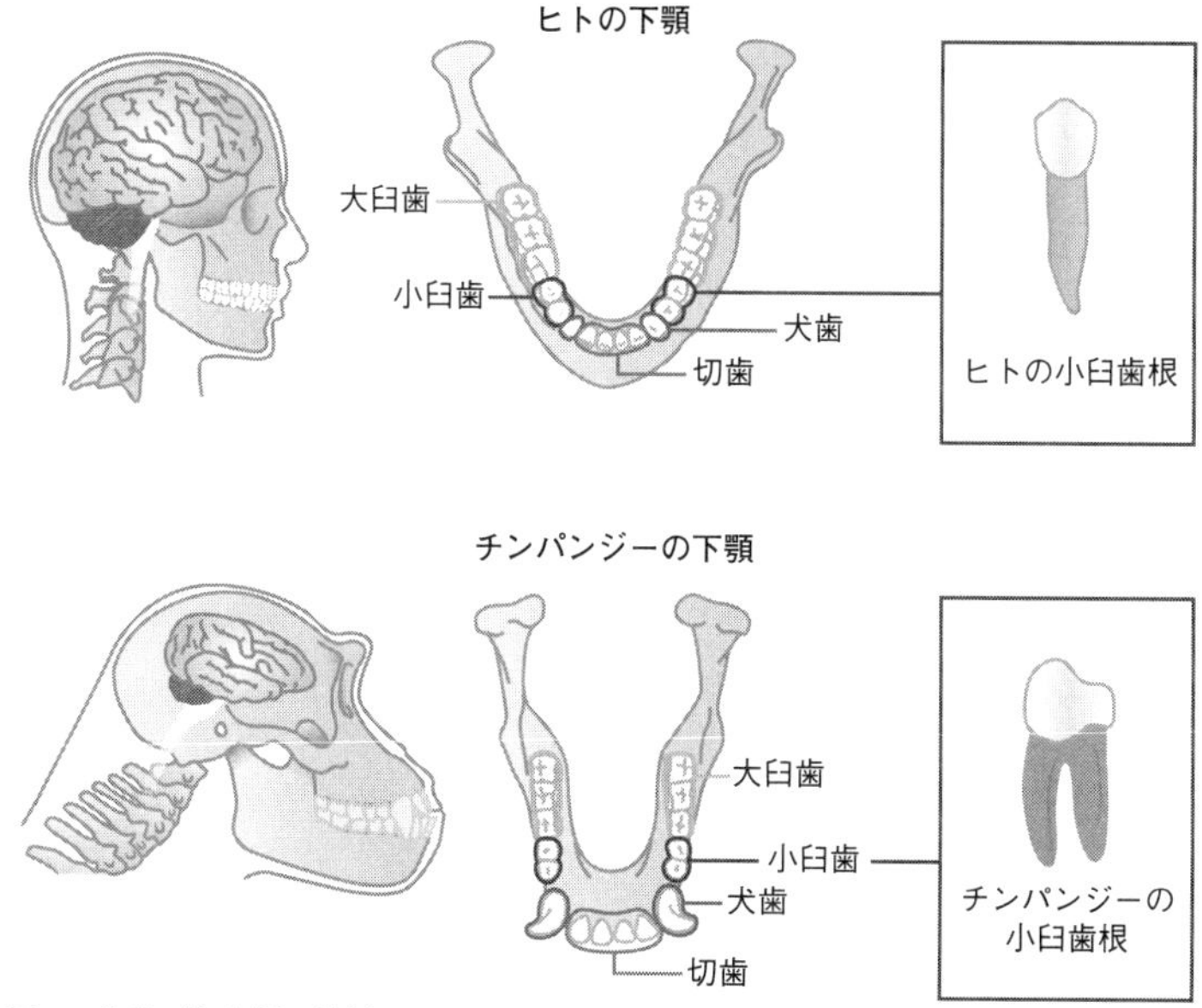

図4　歯並びと歯根の比較

で精確な三次元映像ができる。

二〇一五年の春、テュービンゲン大学において、グレコピテクスの下顎を超高分解能CTで透視したとき、研究チームは緊張に包まれた。結果は完全に驚きだった。典型的な類人猿の歯の特徴を確認できると期待していたのだが、目の前の映像ははるかに注目すべきものだった。グレコピテクスの犬歯と臼歯の根は短くなっていた。小臼歯の歯根は五〇パーセント以上融合し、先端は内側にカーブしている。

また、歯根管の数も現生種および絶滅種の類人猿のものにくらべて少ない。こうした特徴はすべて、ブルガリア出土の臼歯にも当てはまる。

信じがたいことだが、全体的にみると、どちらの化石も絶滅種の類人猿より、アフリカの猿人アルディピテクスやアウストラロピテクスに近い。アフリカで発見された有名な種は、五五〇～二〇〇万年前に存在したと考えられる。それでは、グレコピテクスはいつの時代に生存したのか？

〝化石水準器〟による年代決定

化石の年代決定には、さまざまな物理学の測定法も使われる。その一つが地磁気層序で、地球磁場を情報源として利用する。岩石内に存在する磁気をおびた粒子の方向性の測定によって、地球磁場が不規則な時間間隔で方向転換することがわかっている。つまり、現在は磁気の北極と地理北極が一致しているが、そうではなく、磁北極が地理南極に移動することもある、ということだ。これが最後に起きたのは八〇万年前で、それ以前に何度もあった。転換の年代は堆積物に記録されている。

磁気探知機を使って磁化を測定すれば、古地磁気学の情報を岩石から読み取ることができる。化石からこの情報を引き出すのは、もう少し難しい。調査者は、発掘地の正確な地理的座標が必要だし、化石がどのような状態でそこにあったか、つまり、どちらが上でどちらが下だったか、といったことを知っていなければならない。サンプル抽出プロセスの徹底レポートがなければ無理だろう。化石がその場所に置かれたときの重力の状態を示す、一種の〝化石水準器〟が残されていれば別だが。

さいわい、ピルゴスのほかの出土品の重要性がここでも明らかになる。ニュルンベルクに保管さ

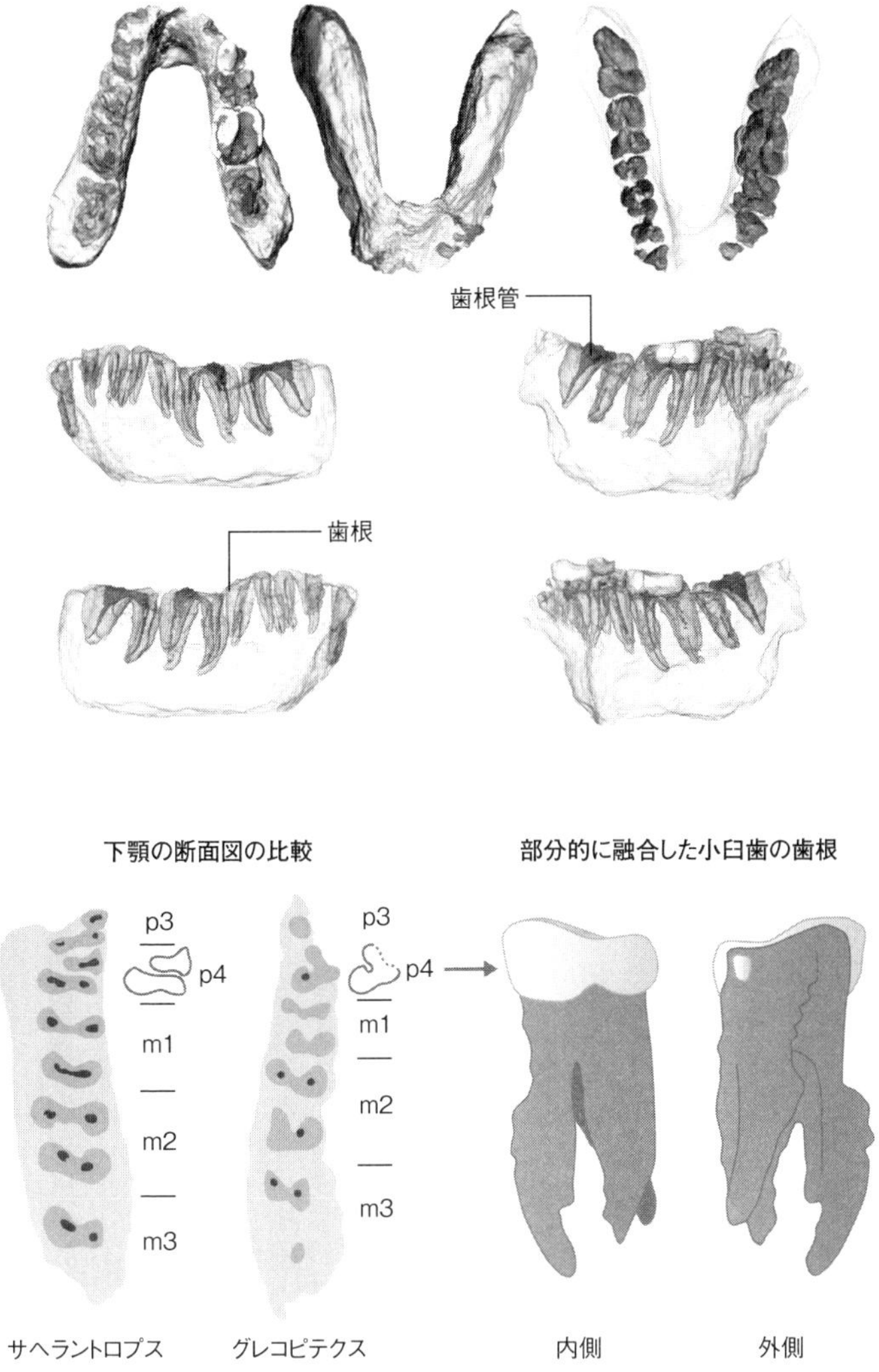

図５　グレコピテクス・フレイベルギ下顎のＣＴ撮影

れていた三〇個以上の骨のなかに、キリンの中足骨二個が見つかった。折れた大きな骨の空洞の半分が堆積物で埋まり、その上に方解石の結晶がある。一九三八年にバイエルンの兵士がダイヤモンドと考えた、ピケルミの発掘物にもあったように。

堆積物表面の向きから、堆積物のなかにキリンの骨があった状態が正確に再現され、このいわば〝化石水準器〟によって、ピルゴス化石が堆積した時代の地球磁場の極性を調べることができた。

ピルゴス、ピケルミ、アズマカの古磁気学データを、ほかの年代測定法三つと組み合わせてチェックし、グレコピテクス化石やほかのピルゴス発掘物の年代がかなり正確なところまでわかった。七一七万五〇〇〇年前。[8] ブルガリア出土の大臼歯は、それよりさらに約八万年古い。遺伝学データの基礎によると、人類の進化ラインがすでにチンパンジーのそれから分岐していたタイムスパンである可能性が非常に高い。[9] ピケルミ化石は、絶対年代七三〇万年前と測定された。厳密にいうと、八層の異なる堆積層から出土した発掘物で、四万年かけて堆積したものだ。

「エル・グレコ」はピケルミ世界の一部だったというディートリヒとフォン・フレイベルクの推察は、すれすれだが当たっていなかったことになる。フォン・ケーニヒスヴァルトが表明した、ピケルミのものよりわずかに新しいという推測については、確認された。

だが、発掘物が進化史にとってどれほど重要な意味を持つか、当時の科学者にはまだ憶測できなかった。グレコピテクス・フレイベルギは、アフリカで発見された最古の猿人よりかなり前の時代のものであることが、新しい研究結果により証明された。本書では、ヒト属以前に進化したヒトに類似する生物すべてを、便宜上〝猿人〟と呼ぶ。それに対して、〝原人〟は絶滅したヒト属の代表

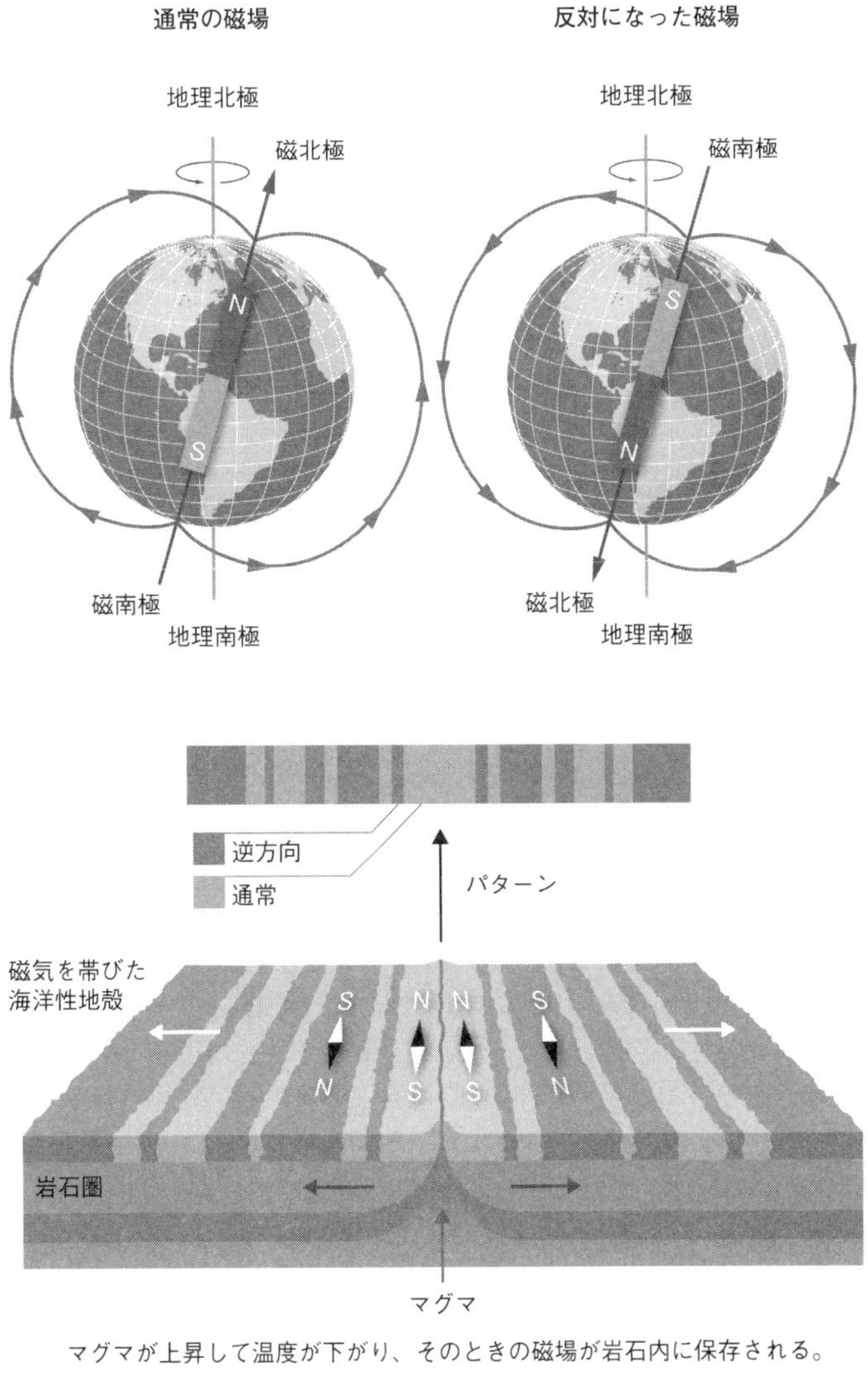

図６　地磁気学と古地磁気学の原則

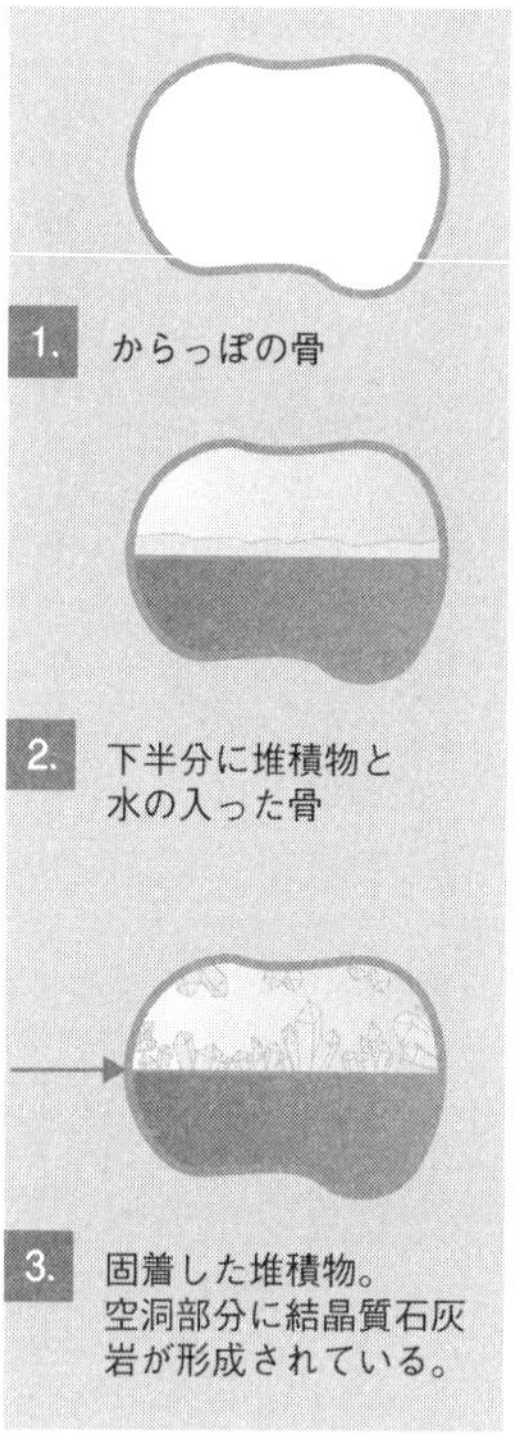

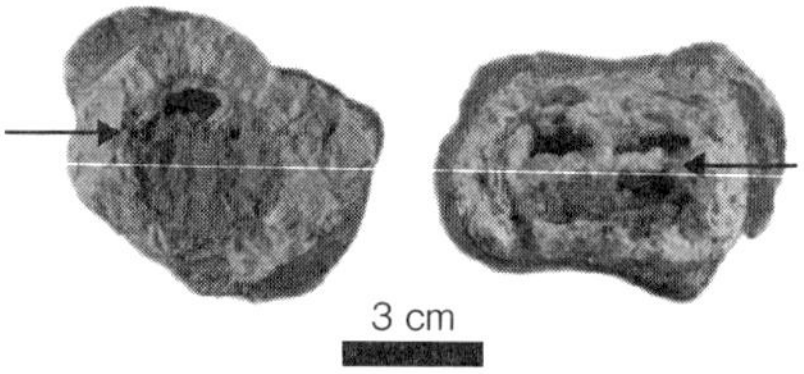

上）結晶を含むキリンの骨二個の断面図
（ピルゴス出土）

結晶と堆積物の境界は、古代の水平面を示す。

左）古代の水平面形成の過程

図7　〝化石水準器〟

だ。

「エル・グレコ」は、長いこと探し求めた人類の祖先なのだろうか。ヨーロッパで発見されたために、さらなる論争を引き起こした。というのも、それまでの人類進化についての基本的な仮説では、初期の人類進化はアフリカ大陸だけで起こった、とされていた。ところが、それがいまや疑問視されたからだ。いや、この発見のほかにも、思考の転換を促すものがあるようだ。この側面を適切に判断するために、人類の起源に関する研究がどのように始まり、今日までどう発展したか、振り返る価値があるだろう。

8. Fuß, Jochen; Spassov, Nicolai; Begun, David R.; Böhme, Madelaine:*Potential hominin affinities of Graecopithecus from the Late Miocene of Europe.* In: PLoS One, 22. Mai 2017.

9. ゲノム分析によると、人類の進化ラインがチンパンジーの進化ラインから分岐したのは一三〇〇～六〇〇万年前。

第二部　サルの惑星

第6章　人類の起源探索史

人類の起源はどこにあるのか、という疑問は、人類の歴史と同じくらい長く存在するのではないだろうか。どこで発生したのか。祖先は誰か。そもそも、どうして進化したのか。現在の人間を形成してきたものは、何なのか。

こうした根本的な疑問の答えを、人々は長いあいだ、主として宗教や哲学のなかに求めてきた。しだいにじっくりと考えるようになったのは、自然科学が発生してからだ。自然史の発見物、徹底的な観察、総合的な計測データ、しだいに繊細化する分析技術をよりどころとする。

先史時代の人類とその祖先に関する科学分野は比較的新しく、古人類学と呼ばれる。目的志向かつ自己批判的な研究ではあるが、偶然による発見や個人の虚栄心もあったし、あやしげな人物やたちの悪い嘘つきもいる。古人類学者は、古生物学者や考古学者と同じく、鋤を手に働く科学者だ。表向きには、宝探しや冒険家のオーラに包まれていることも珍しくない。歴史的発掘物が発表されるドキュメンタリー映画のシーンに、現在の私や同僚は思わず苦笑することもある。これは何なの、と首をかしげる奇妙なエピソードもあった。それでも時とともに、われわれの複雑な発達史を表す詳細なイメージが徐々に形成された。

人類および類人猿の興味深い進化研究史の始まりにさかのぼり、最も重要な数カ所で足を止めて説明を加えるつもりだが、最初のスポットは一九世紀のフランスだ。一八五六年、古生物学者エドゥアール・ラルテ[10]のもとに謎の小包が送られてきた。中身は南仏サン＝ゴーダンス（オート＝ガロンヌ県）近郊の粘土抗で発見された、下顎および上腕の骨の割れた化石だった。送り主のフォンタンによると、労働者が見つけたもので、専門家の意見を聞きたいという。

当時化石研究の第一人者だったラルテは、絶滅した類人猿の残存物であることを、すばやく認識した。学術論文に骨を描写し、ドリオピテクス・フォンタニ〈Dryopithecus fontani〉と名づけた。「Drys」は古代ギリシャ語でブナ科のオーク、「pithecus」はサルを意味する。発掘地にオークの葉の印象化石が見つかったことから、このサルはオークの森に棲んでいたと推測したのだ。ラルテはさらに一歩踏み込み、ドリオピテクスをチンパンジーの骨と比較し、類人猿と人間をつなぐものだと解釈した。こうして〝オークの森のサル〟は、今日まで続いている人類の起源探し議論の最初のパズルピースとなった。その後、いくつもの大陸で起きる〝発見シリーズ〟の始まりだ。

原人？　それともコサックの奇形？

とはいえ、ひとまずヨーロッパに注意を向けたい。ドリオピテクスについての最初の論文が書かれた年に、偶然によるすばらしい発掘物が発表された。掘り出されたのはやはり採石場で、デュッセルドルフ東に位置するデュッセル川のある谷で石灰石採掘の準備をしていたイタリア人労働者が、洞窟の地面の固まった粘土層に埋まった骨に行き当たった。彼らにとって、さしあたり特別なものではなかった。洞窟内では、隠れ場としてそこを使った動物の残存物がしばしば見つかるからだ。

そこで、廃棄物用の斜面に捨てたところ、採石場のオーナーであるヴィルヘルム・ベッカースホフの注意を惹いた。彼は絶滅したホラアナグマ[11]の残存物だと思い、そう記載して、自然科学者ヨハン・カール・フルロットに渡した。科学史の重大トピックだとは思いもせずに。フルロットはヒトの骨であることをすぐに見抜いたが、現代人の骨といくつか相違があることがわかった。とくに注意を惹いたのは、比較的ひらたい頭蓋冠と眼窩上部の大きな隆起で、古代のものと思われた。

結局フルロットは、〝先史時代〟のヒトのものに違いあるまいと結論し、解剖学教授ヘルマン・シャフハウゼンとともに学会で発表した（一八五七年）が、拒否された。理由として、ナポレオン戦争中に洞窟に避難したロシアのコサックの残存物で、骨が病的に奇形したものにすぎないのではないか、という非難もあった。腕の骨折が治癒しなかったために痛みがひどくて心配がたえなかったため、眼窩上部に隆起ができたのだろう、と。

それから何年も経過してからようやく比較可能な化石がさらに発見され、イギリス人古生物学者が擁護したおかげで、実際に原始のヒト属の骨であることが認められた。イタリア人労働者が採掘作業をしていた場所はネアンデルタール（ネアンデル谷）と呼ばれていたので、ホモ・ネアンデルタレンシス〈Homo neanderthalensis〉[12]（ネアンデルタール人）と命名された。

レムリア——世界の霧

古人類学の初期段階では、人類発祥の地はヨーロッパであることを示唆するものが多い。しかし、発掘物の数こそ少ないが、少数の専門家のあいだで新しいアイデアが開発された。イギリス人生物学者トーマス・ヘンリー・ハクスリーが一八六三年に発表した「Evidence as to Man's Place in Nature」（自然における人間の位置についての証拠）に、次のような記述がある。人類発祥の地はアフリカかもしれない。アフリカに生息する類人猿に、われわれに最も近い親戚の特徴がみられるからだ。

ハクスリーはチャールズ・ダーウィンと同時代に生き、知り合いでもあったが、進化論についてのダーウィンの主著『種の起源』が一八五九年に刊行されると、この時代の多くの科学者と同様にダーウィンの影に埋もれてしまう。人類の祖先についてダーウィンは、一八七一年刊行の『The Descent of Man, and Selection in Relation to Sex』（邦訳『人間の進化と性淘汰』文一総合出版刊）のなかで、人類発祥の地はアフリカだというハクスリーのアイデアに基本的には賛同している。しかし、エドゥアール・ラルテのドリオピテクスに関して、次のように書き添えた。「この対象物について推測をしてもまったく意味がない。なぜなら、中新世[13]のヨーロッパには擬似サルが二、三種存在し、一つは人間とほぼ同じ大きさであるラルテのドリオピテクス……（中略）このはるか昔の時代以降、地球には大変動が何度もあっただろうし、大規模な移動にも十分な時間があったと考えられるから[14]」

つまり、大移動や包括的な地理が人類の進化に特徴を与えたかもしれないという事実を、ダーウィンはすでに知っていたことになる。彼の著書を読む現代人が見落とすことの多いポイントだ。

しかし、人類発祥の地の可能性として当時議論されていたのは、ヨーロッパとアフリカのみではない。ドイツ人進化生物学者エルンスト・ヘッケルを例にとってみよう。ダーウィニズムの信奉者であったヘッケルは、オランウータン、テナガザル、ヒトの胚の生体構造を比較し、一八六八年に出版された著書『Natürliche Schöpfungsgeschichte』（邦訳『自然創造史』晴南社刊）で次のように結論している。人類はこれらの類人猿に最も類似しているので、おそらく人類の源は南アジアにあるのではないか、と。当時としては革新的な意見といえる。彼はさらに、仮定上のアジアの原人を、ピテカントロプス・プリミゲニウス〈Pithecanthropus primigenius〉（元祖サル人間）と名づけたほどだ。

ヘッケルは、幻の大陸レムリアがかつて存在したと考えていた。その昔インド洋にあり、アフリカ東部と東南アジアを結んでいた仮想の大陸だ。ここで現生類人猿と人類の祖先が進化した、というのがヘッケルの説だった。当時の仮説によると、ジャワ島、スマトラ島、ボルネオ島などインドネシアの島々は、レムリア大陸の残存物とされていた。現在では邪道に思われる説だが、当時ヘッケルは最も有力な自然科学者の一人であり、彼の著書はどれも飛ぶように売れた。

ジャワ原人の発見

オランダ人医師・人類学者のウジェヌ・デュボワはヘッケルの説を擁護したが、ヘッケルとは違い、進化史を復元するには、現生の動物や人間の解剖学調査に加えて化石が必要だと考えた。そこで、アムステルダム大学解剖学講師の職を一八八六年に辞め、軍医としてスマトラ島に赴いた。東南アジアで原人の化石を探すためだ。こうして、強靭な意志と幸運によるたぐいまれなストーリーが生まれる。最初の数年間、ほかの動物の化石は山のように出てきたが、サルと人類のつながりを示唆するものは何も見つからなかった。

それでもデュボワはあきらめず、一八九〇年にジャワ島に場所を移した。暑さ、マラリア、劣悪な衛生条件といった困難も彼の意志を変えることはなく、一八九一年、とうとうヘルパーの一人がソロ川岸で臼歯を一個発見した。そこから一メートルの距離に、原始的に見える頭蓋冠が堆積物に埋もれていた。ネアンデルタール人と同じく、眼窩上部が隆起している。この成功に刺激されたデュボワは、さらに発掘を続け、翌年には同じ場所で人間のものに似た大腿骨を発見した。〝ミッシングリング〟に違いないと確信し、一八九四年にピテカントロプス・エレクトス〈Pithecanthropus erectus〉（直立歩行の猿人という意味）の名で発表した。だが、彼もまずは挫折を味わうことになる。ヨハン・カール・フルロットのケースと同じく、学会は最初のうち、彼の論文を認めようとしなかった。発掘物の信憑性を落とすために、それこそばかばかしいほどの論拠まで持ち出してきた。そのなかには、骨は絶滅した巨大テナガザルのものでしかない、というものまであった。

一九二〇年代と三〇年代にまず中国で、その後再びインドネシアで同様な化石が発掘されると、デュボワが正しかったことが認められた。ピテカントロプス・エレクトスは、一九五〇年代にホモ・エレクトス〈Homo erectus〉つまり〝直立のヒト〟と改名される。その後の研究から、デュボワの発掘物は一五〇万年前のものであることがわかっている。「ジャワ原人」は、現在にいたるまで一種のメートル原器として、生物種ホモ・エレクトスの決定に用いられている。デュボワは死後、古人類学初期の最も重要な研究者の一人とされた。

当時の科学者のなかには、西洋人の見地から、人類の起源がアジアにあるという考えが気に入らない人も多かった。そのため、二〇世紀初頭にあらたな化石が発見されて、視線がヨーロッパに戻ったのは歓迎された。一九〇七年、ドイツ南部のハイデルベルク近郊にある採砂場で、労働者ダニエル・ハルトマンが原始人のものと思われる、よく保存された下顎を発見した。すでに二〇年前から、採砂場で掘り出される化石は注意深く管理されていた。監督にあたった古生物学者オットー・シェーテンザックは、研究の成果として新しい人種の最初の記述を発表し、第二の故郷への敬意からホモ・ハイデルベルゲンシス〈Homo heidelbergensis〉（ハイデルベルク人）[15]と名づけた。[16]現在の進化史では、ハイデルベルク人は、ネアンデルタール人や現代人の祖先だと考えられている。

巧みな職人芸と犯罪エネルギー

ハイデルベルク人発見後の数年間に最も大きな注目を集めたのはイギリスだった。一九〇二年、アマチュア考古学者のチャールズ・ドーソンとロンドン自然史博物館の地質学部門を担当するアーサー・スミス・ウッドワードは、頭蓋骨の化石を公表した。下顎にはヒトとサルに似た特徴が混じり合い、それまで知られていなかったものだ。ドーソンとスミス・ウッドワードによると、イギリス南東部ピルトダウン近郊で出土したという。未知の人類の祖先の外観がわかるように、欠けた部分が補われている。これは大きな話題を呼んだ。発表者二名が自信たっぷりに、エオアントロプス・ドーソニ〈Eoanthropus dawsoni〉（夜明けのドーソン人という意味）と名づけたせいもある。つまり、この化石を進化史の黎明に位置づけたのだ。

とくに感銘を受けたのはイギリスの学会だった。「ピルトダウン人」とも呼ばれたこの化石は、実際にネアンデルタール人やホモ・エレクトスより前のものに見えた。また、大きな脳とサルに似た下顎という独特のコンビネーションは、当時広く普及していたイメージを確定するように思われたせいもある。大きな脳の発達は、直立歩行、道具作り、人類の言語開発の前提だと当時は考えられていた。原始的な特徴と新しい特徴の奇妙な組み合わせは、ほかの化石とそぐわないのではないか、という批判的な意見は無視された。「ピルトダウン人」が科学史最大のいかさまであることが判明したのは、一九五三年になってからだ。

高い犯罪エネルギーと巧みな職人芸によって、オランウータンの下顎と中世のヒトの頭蓋骨を継ぎ合わせたものだった。作製者は、古く見せるために骨を着色し、歯をやすりで磨き、偽造がばれないように頭蓋から下顎に移行する部分の疑わしい骨を折っていた。こうして著名な専門家すら本物の化石だと信じ込まされた。

〝発見者〟二名は偽造が明るみに出る前に死亡したため、誰がピルトダウン人を作製したのかは迷宮入りとなった。チャールズ・ドーソンはすでに一九一六年に、アーサー・スミス・ウッドワードは一九四四年に他界した。現在では、主犯はドーソンだったと考えられている。ピルトダウン人が幻の動物であることが最終的に証明されたのは、二〇一六年の遺伝子検査による。いかさまが何十年もばれなかったのは、多数の専門家の思考のなかにナショナリズム的希望があって、知覚が鈍っていたせいもあるのではないか、と、現在では考えられている。ドイツ、ベルギー、フランスでネアンデルタール人の化石が発掘され、〝最初のイギリス人〟を望む気持ちが強かったため、厳密に確認しなかったのではないか、と。

「ピルトダウン人」と同様に奇妙なのは、アメリカ人古生物学者ヘンリー・フェアフィールド・

オズボーンが発見したという化石だ。ネブラスカ州の農民が数年前に掘り出した歯を、オズボーンは一九二二年に人類の祖先の化石と解釈した。この歯だけをよりどころに、北米を人類発祥の地の候補に入れたのだ。オズボーンのヘスペロピテクス・ハロルドクッキイ〈Hesperopithecus haroldcookii〉（ハロルド・クックの発見した西洋のサルという意味）は、最初からほとんどの研究者に拒否された。オズボーンは、早くも一九二七年に思い違いだったことを認めないわけにいかなかった。その後の調査により、化石はかなり風化した絶滅種のブタの歯であることが判明した。同じ発掘地から、同種のブタの残存物が多数出土している。こうして「ネブラスカ人」はわずか数年ですたれた。

早くも二〇世紀初めに、古人類学はかなり概観しがたい状況になっていた。西ヨーロッパからインドネシアにいたるまでの広範な地域から、人類の起源を証明すべき化石が集められたのだから。この時点では、アフリカからの出土品はまだなかった。

アフリカのスタート、アジアのブレイクスルー

一九二四年に状況は一変する。南アフリカのタウング近郊の石灰岩採石地で、労働者が頭蓋骨の化石を発見した。発掘物を受け取ったヨハネスブルグ、ウィットウォーターズランド大学の解剖学者レイモンド・ダートは、重要性を即座に見抜き、一九二五年に猿人の子の化石であると記録した。ダートはアウストラロピテクス・アフリカヌス〈Australopithecus africanus〉（アフリカ南部のサル）と

命名した。しかし、ほかの古人類学のパイオニアと同じく、ダートもまずは執拗な抵抗にあう。頭蓋骨は若いゴリラやチンパンジーによく似ているのを見落としたのではないか、アウストラロピテクス・アフリカヌスはヒトよりむしろそちらに近いではないか、と非難された。[17] 頭蓋骨内部に、自然に形成された鋳塊のようなもの、一種の化石のポジがあって、批判者はその特徴も利用した。成人のアウストラロピテクス・アフリカヌスの脳の大きさは、約四四〇立方センチメートル、つまりチンパンジーの脳とほぼ同じということになる。[18] 人類の祖先がそれほど小さい脳を持っていたなど、ダートの批判者は最初から相手にしなかった。一九四七年、アウストラロピテクス・アフリカヌスはようやく猿人と認められた。[19] 化石は現在「タウング・チャイルド」の名で世界中に知られている。推定年代は二五〇〜三〇〇万年前だ。

二度の世界大戦のあいだに、ホモ・エレクトスの興味深い化石がアジアでいくつかあらたに発掘された。有名な北京原人もホモ・エレクトスの亜種で、北京近郊の石灰岩洞窟から多数見つかった。頭蓋骨一四個の破片と一五〇個の歯がそこに含まれる。一九二〇年代から三〇年代にかけて何度も行われた発掘作業によって出土し、戦争の混乱で失われる危険があったので、一九四一年に中国からアメリカに輸送されることになった。ところが、化石を乗せて港に向かう列車が日本軍に占拠され、豊富な発掘物はすべて失われた。同じ発掘地でのちに発見された歯数本と骨数個のほかは、オリジナルの鋳型とスケッチが残されているにすぎない。現代の測定法により、約七八万年前のものであると判明した。

二カ所から化石が発掘されたため、アジアもやはり人類進化の〝ホットスポット〟候補に残された。それに、ホモ・エレクトスやネアンデルタール人の方が、アウストラロピテクス・アフリカヌスより明らかに人間に似ている。状況が変化するのは、一九五〇年代終わりにアフリカ東部で注目すべき発掘物が公開されたときだ。人類進化についてのヴィジョンは、現在にいたるまでイギリス系ケニア人家族リーキー家と切り離すことができない。リーキー家は、数世代にわたって著名な古人類学者を輩出した。

リーキー朝

イギリス人人類学者ルイス・リーキーと妻メアリー・リーキーは、一九三〇年代からオルドゥヴァイ渓谷を何度も訪れ、化石や埋蔵物を探した。現在のタンザニア北部、セレンゲティ国立公園のへりに位置する渓谷は、アフリカの巨大な谷である大地溝帯に属し、数百万年にわたって流れ落ちる雨水に浸食され続けた。一九五九年、メアリー・リーキーはほぼ完全な頭蓋骨を発見し、猿人のものと判断した。一カ月後にジンジャントロプス・ボイセイ〈Zinjanthropus boisei〉の名で発表したが、「Zinj」は土地の言葉で発見地域のアフリカ東部のことで、「boisei」はスポンサーであるチャールズ・ワトソン・ボイジーに由来する。

この化石は、一見しただけで「タウング・チャイルド」とはまったく違っている。とくに目立つのは、頭蓋冠上部の盛り上がりで、生存時にはここに強靭な咀嚼筋がついており、「ジンジ」は硬いものや筋ばったものも噛み砕いたのだろう。そこから「くるみ割り人」というニックネームがついた。のちになって、これは人類の系統と並行に進化した生物にすぎないと判明し、パラントロプス・ボイセイ〈Paranthropus boisei〉（ボイジーの／共生者）と改名される。しかし、リーキー家にとって「ジンジ」は突破口となった。

数カ月後、やはりオルドヴァイ渓谷で発掘中のリーキー家率いるチームは、アフリカで最も重要な化石の一つを掘り当てた。最初は智歯一個のついた顎骨の破片で、続いてすぐそばで完全な下顎が見つかった。これはホモ・ハビリス〈Homo habilis〉と名づけられ、世界中の注目を集めた。才能のある人、または有能な人という意味を持つ[20]。

アフリカで発見された化石が猿人（アウストラロピテクスやパラントロプス）ではなく、ヒト属〈Homo〉に解釈されたのは、これが初めてだった。このように分類された基礎は、発掘地で見つかった単純な石器にある。小石で打つ道具や切る道具を作ったのはホモ・ハビリスしかいない、とリーキー夫妻は確信した[21]。彼らの考えによると、太古のヒトは石器を使って骨を砕き、栄養価の高い骨髄を取り出し、非常に硬い殻を持つ果実を割ったのではないか。道具を作って利用する能力は、猿人からヒト属への移行の基準点と考えられていたため、ホモ・ハビリスは最も古い〝真の〟人類とされた[22]。

一九七八年、リーキー家はついに研究のあらたな節目に達した。オルドヴァイ渓谷から約五〇キロメートル南に位置するラエトリで、直立歩行する猿人の足跡化石が見つかったのだ。三六〇万年前と計測され、当時としては直立歩行を示唆する最古のものだった。だが、そんな大昔に、雨で濡れた火山灰の上を歩いた生物は、いったい何者だったのか。

その答えかもしれない発掘物は、同年一九七八年に発表された。現在も古人類学のアイドルといえる「ルーシー」だ。三二〇万年前の猿人の頭蓋の一部で、ドナルド・ヨハンソン率いる国際研究チームによってエチオピアのアファール地域で発見された。そのため、アウストラロピテクス・アファレンシス〈Australopithecus afarensis〉（アファールの南の猿人という意味）と命名された。

「ルーシー」の頭蓋は、四〇パーセント保存されていた。それまで数個の骨や歯から数百万年の進化史を復元しなければならなかった研究分野においては、センセーションともいえる。現在わかっているのは、「ルーシー」は身長一メートル強、体重三〇キロ未満、すでに巧みに直立歩行していたということだ。[23] 名前は、発見時に研究キャンプでかけられていた、ビートルズの〝Lucy in the Sky with Diamonds〟に由来する。

あらたな発掘物が出るたびに、人類がアフリカでおよぼした影響がどのようなものだったのか、しだいにイメージが広がっていく。多くの専門家の意見によると、最終的な証拠は一九八四年に発見された。ルイスとメアリーの息子リチャード・リーキーの率いるチームのメンバーがケニアで発見した、アフリカ最初のホモ・エレクトスの化石だ。[24]

彼らは、数年間にわたってトゥルカナ湖付近で発掘作業を行った。一五〇〇トンの堆積物を掘り起こし、ついに約一五〇万年前に生存したらしいヒトの頭蓋のほぼ九〇パーセントが得られた。古人類学の歴史を通して、最も完全な発掘物に属する。骨を測定して九歳の男児と判明したこの個体は、成長すれば一八〇センチになっていたと思われる。この残存物は、「トゥルカナ・ボーイ」と呼ばれるようになった。

南アフリカのタウング、タンザニアのオルドヴァイ渓谷、エチオピアのアファール地域、ケニアのトゥルカナ湖は、人類進化史における最も有名な場所だ。これらの発見ののち、人類とその祖先はアフリカで進化し、ホモ・エレクトスになって初めてアフリカ大陸を離れてアジアまで移動したという説を疑う者はなくなった。ホモ・サピエンスの最も古い化石にいたるまで、すべてアフリカで発見されたことは、大部分の古人類学者にとってそれを証明するものだった。

最古の祖先

しかし、もっと精確に見る価値はある。最新の遺伝子学および分子生物学の研究から、人類とチンパンジーの系統が分岐するのは一三〇〇〜七〇〇〇万年前と限定されている。それによると、われわれの最も古い祖先の化石もこの期間に由来することになる。アフリカの出土物は非常に高い重要性を持つとはいえ、どれも数百万年若いのだ。

そのうえ、アフリカの発掘物には、人類と現生類人猿に共通する最後の祖先の化石が欠けている。一般的見解によればアフリカに存在すると考えられるが、じつは類人猿の祖先に関していうと、前述の期間の化石がごっそりと抜けているのだ。

それに対してユーラシア大陸では、進化のこの段階の化石が多数発見された。人類発祥の地は、最古の骨が発見された場所ではないのだろうか。チンパンジーやゴリラの直接の祖先の故郷はアフリカではなく、のちになってアフリカに移住したとは考えられないだろうか。グレコピテクスがその示唆なのでは？　しかし、現在一般的な学説は、そのような考えをきっぱりと拒否している。ユーラシアの発掘物はせいぜい側枝にすぎない。それは進化の袋小路で、現生類人猿や、ましてや人類にはいっさい貢献していない、と説明する。または黙秘するケースもある。

カナダ人の同僚デイビット・ベグンは、既知の類人猿および猿人を総合的に分析し、その結果を早くも一九九二年に発表した。彼は、ヨーロッパで発見された類人猿の化石には、アフリカのすべての類人猿および人類の基礎がある、という並はずれた結論に達した。これは現在にいたるまで〝特殊な意見〟とされているが、その後さらに多数の発掘物が出たので、次の各章で紹介したい。

新しい発見物の本当の意味は、たいてい数年後に再考察として判明する。新しい化石が出土すると、それまでの発掘物を別の光に当てなければならないこともある。そうした発見をするために、探すべき地域や岩石層や年代についての知識のほかに、忍耐や持久力も重要となる。ちょっとした幸運に恵まれて寸分たがわず適切な場所を掘り起こせば、重大な成果が得られる。

だが、最新の発見について語る前に、類人猿進化の始まりに注意を向けたい。

10. ラルテの師は、比較解剖学の第一人者であり、古生物学の創始者でもあるジョルジュ・キュヴィエ（一七六九〜一八三二）。キュヴィエは一八一二年に、化石のヒトや化石の霊長類は存在しない、という意見を述べた。当時の科学者は多数の絶滅種の動物を収集したが、過去に生息した類人猿の化石はまだなかった。キュヴィエはパリの石灰石採掘地からキツネザル下目を発見したのだが、〈Adapis parisiensis〉と名づけ、原始的な有蹄類と評価した。

11. ホラアナグマは、氷河期に広域に生息したクマ。ヨーロッパほぼ全域の洞窟で残存物が見つかっている。

12. ネアンデルタール人の化石は、一八二九年にベルギーで、一八四八年にジブラルタル（イギリス）で発見されていたことがのちに判明した。当時はまだ独立の種と認定されなかった。

13. 地質時代の中新世は、今から二三〇〇〜五三〇万年前。
14. Darwin, Charles: *Die Abstammung des Menschen und die geschlechtliche Zuchtwahl*. Band 1, Schweizerbart'sche Verlagshandlung, Stuttgart 1871.
15. 下顎骨は約六〇万年前のもので、現在最も古い標本。
16. Roksandic, M., et al.: *Revising the hypodigm of Homo heidelbergensis: A view from the Eastern Mediterranean*. In: Quaternary International, Vol. 466, 2018, p.66-81.
17. 若い個体は実際に成体とかなり違うので、若い個体の化石を解釈するのは非常に難しい。
18. その後の計測で「タウング・チャイルド」の数値はさらに下方に、アウストラロピテクス・アフリカヌスのほかの発掘物はやや上方に訂正された。（参照）Holloway, Ralph L.: *Australopithecine Endocast (Taung Specimen, 1924): A New Volume Determination*. Science 22 May 1970: Vol. 168, Issue 3934, pp. 966-968. Falk, D., Clarke, R.: *Brief communication: new reconstruction of the Taung endocast*, American Journal of Physical Anthropology, 04. September 2007.
19. オックスフォード大学の著名解剖学者ウィルフリッド・ル・グロー・クラークが学術誌『ネイチャー』に論文を発表し、アウストラロピテクス・アフリカヌスが猿人であることを確定した。ル・グロー・クラークは数年後、「ピルトダウン人」偽造の暴露にも関与している。
20. オルドヴァイ渓谷で発見された一七五万年前の下顎の個体は、現在「ジョニーズ・チャイルド」とも呼ばれる。（参照）Leakey, Louis; Tobias, Phillip V.; Napier, John Russell: *A New Spicies of The Genus Homo From Olduvai Gorge*. In: Nature, Vol. 202, 4. April 1964, p. 7-9.
21. このタイプの道具は、現在もオルドワン文化として知られている。（参照）Reakey, M. D.: *A Review of the Oldowan Culture from Olduvai Gorge, Tanzania*. In: Nature, Vol. 210, 30. April 1966, p. 62-466.
22. この分類については、今日も意見が割れている。類人猿や、鳥類さえも道具を使うと反論を唱える専門家もいるし、ホモ・ハビリスは、ホモ・エレクトスよりアウストラロピテクス（猿人）にはるかに近いという意見もある。ルイス・リーキーの息子リチャード・リーキーは、のちにケニアのトゥルカナ湖畔でホモ・ハビリスの化石を複数発掘した。リチャード・リーキー、妻ミーヴ、娘ルイーズはみな古人類学者であり、二〇〇七年に同地域で発見したほかの発掘物について記録している。（*Implications of new early Homo fossils from Ileret, east of Lake Turkana, Kenya*. Nature, Vol. 448, p. 688-691, 9. August 2007）。これまで認定されたホモ・ハビリス化石は、一七五〜一四四万年前に生存したと測定された。つまり、ホモ・エレクトスと並行して存在したことになる。この理由から、ホモ・エレクトスはホモ・ハビリスに後続するのか、ほかの種がホモ・エレクトスの直接の祖先なのか、意見が割れている。

23. Bis heute ist umstritten, ob »Lucy« regelmäßig oder nur manchmal aufrecht lief und nicht vielleicht doch viel Zeit auf Bäumen verbrachte. Einige Forscher sind sogar der Meinung, dass sie durch einen Sturz aus einem Baum ums Leben kam. *Perimortem fractures in Lucy suggest mortality from fall out of tall tree.* In: Nature, Vol. 537, 22. September 2016, p.503-507.*Perimortem fractures in Lucy suggest mortality from fall out of tall tree.* In: Nature, Vol. 537, 22. September 2016, p. 503-507.

24. ホモ・エレクトスに近い種に、アフリカ出土のホモ・エルガステルがある。アジア出土のものと区別するとき、この種名が使われる。

第7章　アフリカの初期——類人猿進化における最初の黄金時代

気に入ろうと気に入るまいと、生物学的にはわれわれは間違いなくサルだ。裸で二本足の、比較的大きな脳を持つサル。サルは専門用語で霊長目と呼ばれ、進化するうちに千差万別な外見、大きさ、特徴が生じた。サルに先行する生物は、六〇〇〇万年以上前に生存した。霊長目の発達史を理解するために、基本的な分類や概念を知ることは重要だ。生物学では、基本的に狭鼻小目（旧世界ザル）と広鼻小目（新世界ザル）に分類される。広鼻小目は現在もアメリカ中部と南部に生息し、人類の進化とは関係がない。狭鼻小目のほうは人類の発達史にとって重要で、オナガザル上科とヒト上科に分かれる。ここに含まれるのは小型類人猿と大型類人猿で、現生類人猿と人間のほか、絶滅した祖先も含む。生物学では、これをヒト科〈Hominidae〉と呼ぶ。オランウータン〈Ponginae〉、ゴリラ、チンパンジー〈Homininae〉、ヒト〈Hominini〉は、生物分類上ヒト科〈Hominidae〉に属する。

ここからわかるように、ルーツを探すには発達史を大きくさかのぼることになる。新しい生息環境に移住し、気候変化に適応するうちに、さまざまな霊長目の体格は変化していった。これが、人類発達史の重要な基礎となっている。

現生人類に最も近い動物の遺伝子は、驚くほど共通している。ヒトとチンパンジーのゲノムは、

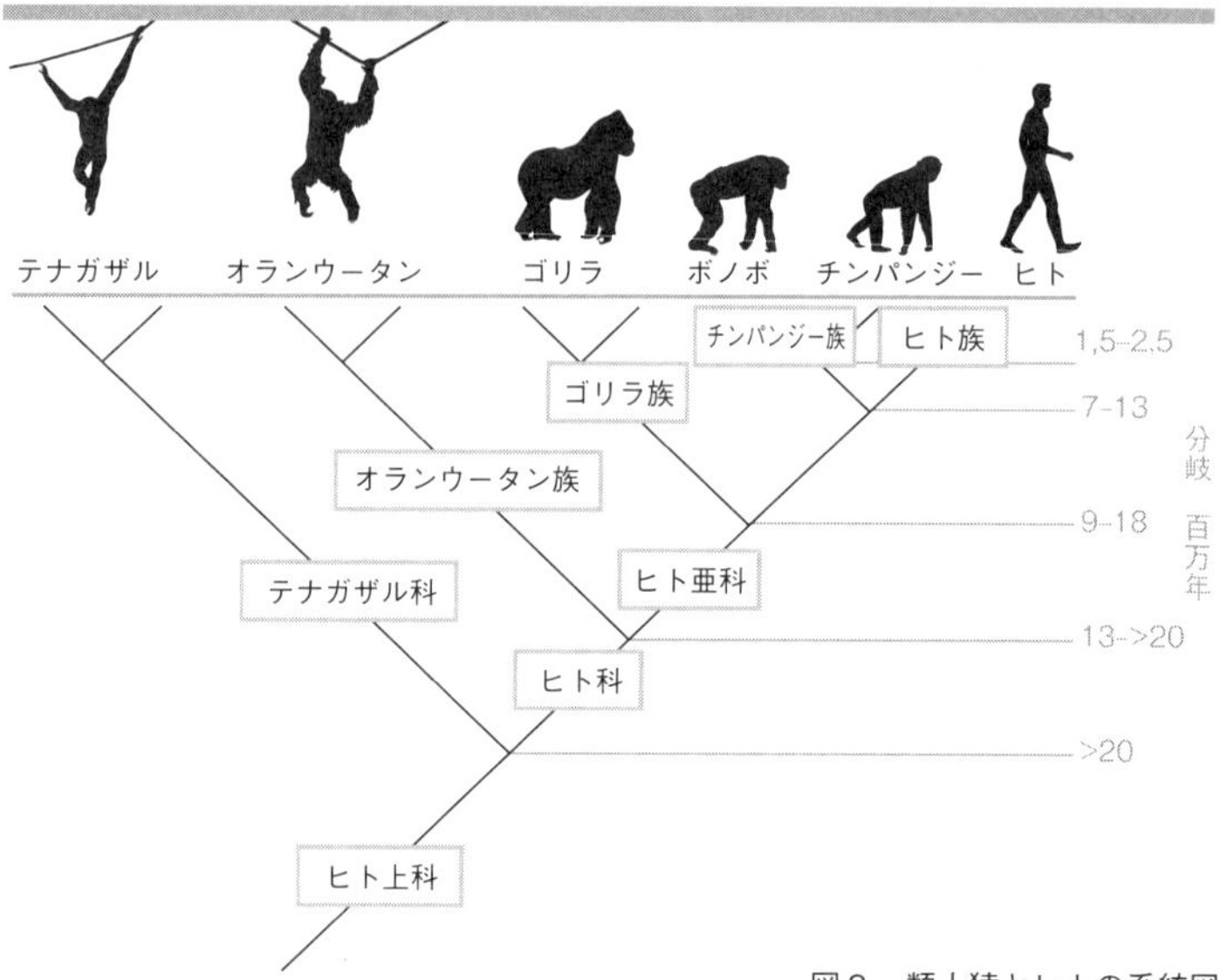

図８　類人猿とヒトの系統図

九八・七パーセント一致する。細胞核内のDNA塩基配列は、ヒトとゴリラで九八・三パーセント、オランウータンとも九六・六パーセント共通している。チンパンジーとボノボは、ゴリラよりむしろヒトに近い。

すでに述べたように、遺伝子検査[25]によると、人類最古の祖先がチンパンジーの祖先から分岐し、独自の進化の道を進み始めたのは一三〇〇万年前と推定される。つまり、ヒトの進化ラインはチンパンジーに由来するのではなく、ヒトとチンパンジーはいわば姉妹種ということになる。二本のラインをさかのぼると、現生チンパンジーにも、もちろんヒトにもほとんど似たところのない未知の生物にたどり着くわけだ。

現在知られている類人猿は、化石と現生種を含めて約一〇〇種あり、その歴史は三〇〇〜七〇〇万年ごとに区分される。最古のものは二一〇〇～一四〇〇万年前に生存した種で、アフリカで出土した。大昔の類人猿の多様さと生活環境が最もよく見て取れるのは、ケニアに位置するヴィクトリア湖のルシンガ島で出土した一八〇〇万年前の化石だろう。ルシンガ島では一〇〇年近く前から古生物学者による発掘調査が行われており、多数の発掘物によって、埋没した世界の詳細なイメージが得られた。

珍しい生物のなかの類人猿

現在ルシンガ島のある地域は、当時は赤道から五五〇キロメートル南に位置していた。乾季と雨季の交替する熱帯モンスーン気候で、土地はこんもりとした森におおわれていた。初期の類人猿が生活環境を分かち合っていたのは、現在のわれわれが知る動物ばかりでなく、はるか昔に絶滅したエキゾチックな生物もいた。小低木のなかをオオトカゲが這い、木々の枝ではカメレオンが昆虫を追う。テングハネジネズミのような奇妙な動物が低木の茂みでカブトムシやアリやムカデを探す。テングハネジネズミは、ツチブタやキンモグラの仲間で、長い脚と、ゾウの鼻を思わせる長い吻を持つ。だが、このあたりの森で最も目につくのは、身長二メートル半のカリコテリウムではないだろうか。

バクやサイの仲間であるカリコテリウムは、ちょっと見には自然の奇妙な気まぐれと思われるかもしれない。前脚は非常に長く、後ろ脚は太くて短い。この独特な体形でうまく直立し、高いところにある若葉のついた大枝小枝に前脚を伸ばすことができ、内側に向いた鉤爪で熊手のように効率的に葉をかき落とした。

今から一八〇～一四〇万年前にあたるこの時代には、地球の平均気温は現在より約八度高かった。大気に存在する多量の水蒸気が温室効果ガスとしてはたらき、さらに二酸化炭素も現在より五〇パーセント多く含まれていた。[26]

この時代は中新世の温暖期と呼ばれ、新生代で最も温暖な段階にあたる。[27]類人猿進化の初期であるこの時代の化石は約三〇種、つまり既知の類人猿の三分の一近くが出土している。カナダ人学者デイビット・ベグン[28]が名づけた〝ヒト上科最初の黄金時代〟を実証するものだ。とはいえ、原始の発掘物すべてが確証されたわけではない。数個の歯や顎だけのものもあれば、体骨格の一部もある。

非常に重要なものの一つがエケンボ属（Ekembo）で、ルシンガ島で二種類発掘された。体重約一〇キロで木の葉を主食とした原始の類人猿は、一見して旧世界ザル（狭鼻小目）にも見える。狭鼻小目は現在一六〇種存在し、ヒヒ属とマカク属が最もよく知られている。エケンボは尾を持たず、尾のなごりである尾椎数個が前向きにそり、尾骨に移行している。尾を持たないことは類人猿の特徴だが、エケンボの場合は枝から枝へと飛び移ったりバランスをとったりする手段がない。そこで、コントロールや把握のために手足が重要だったことが、指やつま先の骨の発達からわかる。エケンボはしっかり握ったりつかんだりすることができたはずだ。このわずかの解剖学的変化のほかは、現生類人猿とくらべてずっと原始的な身体のつくりをしている。腕と脚はほぼ同じ長さで、肘は完全に伸ばせない。手足の関節はまっすぐなので、たいらな手足を地面や枝につけ、四肢で歩いたのだろう。この歩行法は、類人猿をのぞく現生のサルにも共通で、たとえば動物園のヒヒなどで観察できる。

エケンボから約一〇〇万年後に登場する原始の類人猿はアフロピテクス〈Afropithecus〉で、ケニアで複数の種類が見つかった。最も特徴的なのは、咀嚼の道具の発達にある。頭蓋の残された部分を比較すると、咀嚼筋はエケンボのそれより強かったと推測される。もう一つの特徴は、ヒト科の動物の進化において初めて厚いエナメル質を持つこと。森に生息して木の葉や果実を食料とするサルのエナメル質は、〇・五ミリしかない。食物がやわらかく、歯がすり減ることはないからだ。エナメル質を生成するのは、生物にとって非常な労力を要するので、哺乳類が必要以上に形成することはない。ということは、アフロピテクスでは食生活が変化し、硬いものや噛み切りにくいものを食べたのだろう。

アフロピテクスと非常によく似た化石は、サウジアラビアの砂漠でも見つかっている。類人猿が当時すでに広範に存在した証拠といえるだろう。当時この地域は狭い入り江で、のちの地中海とインド洋をつなぐ要所だった。一七〇〇〜一六〇〇万年前には広大な森があったと考えられる。

当時、原始の類人猿が史上初めてヨーロッパ陸塊に渡ったということは、海峡は越えがたいバリアではなかったのだろう。ドイツ南部に位置するバーデン＝ヴュルテンベルク州ジグマリンゲン近郊のエンゲルスヴィースで一九七三年に発見された、厚いエナメル質を持つ大臼歯一個が、そのことを証明している。大臼歯が出土した石灰岩が一五九〇万年前のものであることを、私は同僚とともに二〇一一年に測定した。その歯がアフロピテクスのものであると断定はできなかったが、たとえ散発的かつ一時的だとしても、すでにこの時代に類人猿がはるか北方に居住地を拡張したことがわかる。この仮定を裏づけるのは、やはり移住したと考えられるほかの動物の化石だ。

アフリカの接近

アフリカ大陸プレートは、一億年前から徐々にヨーロッパとアジアに接近していった。一四〇〇万年前までアラビア半島とユーラシア陸塊を隔てていた海峡はきわめて浅く、海水面が少し変化しただけで諸島やランドブリッジが生じた。

いわゆる中新世温暖期には、熱帯性気温のおかげでヨーロッパ広域にわたって椰子、黒檀、マホガニーの森が広がり[29]、多くの海岸はこんもりとしたマングローブ帯に縁どられていた。河川には三種類のワニが生息し[30]、その一種ガビアルは、最大のもので体長七メートルあった。大気の湿度が高かったため、ライギョのような魚も陸を渡って湖から湖へと移動することができた[31]。この時代、温暖な気候にもかかわらず、エンゲルヴィースで発見された類人猿がなぜ継続的にユーラシアに移住しなかったのかは知られていない。もしかすると、その子孫の残存物がまだ発見されていないだけかもしれない。

アフリカとユーラシアの自然史が密接につながっていることは、多数の化石発掘物によって証明され、大陸が非常にゆっくりと接近していったことも記録されている。アフリカ大陸プレートは、現在も年間一ミリメートルの速度で北に移動している。大陸プレートが北に移動し始めたころ、二大陸間には幅四〇〇〇キロメートルの古代の海、テチス海が存在した。その後アフリカ大陸は一〇〇〇キロメートル北に移動し、ヨーロッパでは二〇〇〇キロメートルの幅を持つ南部一帯がせり上がった。テチス海底はのみ込まれ、ピレネー山脈、アペニン山脈、アルプス山脈、ディナル・アルプス山脈、バルカン山脈といったヨーロッパの大きな山脈が形成された。新時代初期の船乗りたちがアフロ・ユーラシア大陸と呼んだ旧世界は、つながって一つになった。そして数百万年後の未来には、地中海は新しい大山地に埋もれて完全に消滅するだろう。こうして新しい超大陸が生まれる。両陸塊の接近の歴史は、そこに存在する生物たちの移動の歴史でもある。テチス海の島々は、陸がつながる以前から〝飛び石〟として生物の拡散に役立った。

最初にユーラシアからアフリカに移動したのは単純な有蹄類やサルで[32]、太古の反芻動物、ブタ、サイ、オオトカゲ、カメレオンがそれに続く。それに対して、最初のアカガエル属、ゾウ、新世界

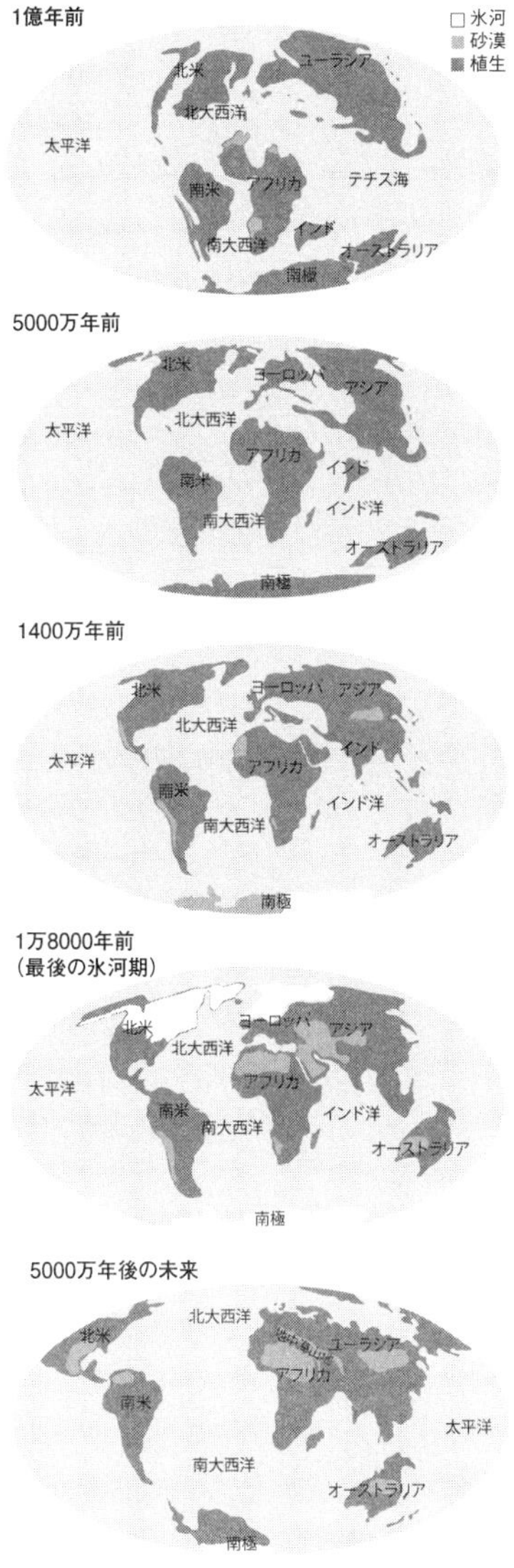

図９　古地理学上の地球の進化

ザル（広鼻小目）、重脚目[33]がアフリカからヨーロッパに移動した。

三大陸を結ぶ最初の一時的なランドブリッジは、一七〇〇万年前に現在の近東に生じた。しかし、旧世界の哺乳動物相は、そのころすでに比較的均質だった。一三八〇万年前、類人猿の進化第一段階の終わりごろに、テチス海が完全にアラビア地域から引き始めたときには、本当に均質的になる。ここから進化の新しい章が始まる。メインステージはユーラシアだ。

25. 分子生物学の方法により、同じ祖先から二種に分岐した時点を推定できる。突然変異、つまり遺伝物質の特定部分のパターン変化が多く起きていれば、それだけ進化プロセスは長く続いたことになる。とくに困難なのは、突然変異率、つまり〝分子時計〟の進行速度の決定だ。

26. Kürschner, Wolfram M.; Kvaček, Zlatko; Dilcher, David L.: *The impact of Miocene atmospheric carbon dioxide fluctuations on climate and the evolution of terrestrial ecosystems.* In: PNAS January 15,2008, p.449-453.

27. 中新世に温暖化した理由については、まだ完全に解明されていない。海流の変化や火山活動の活発化によって、二酸化炭素が多量に発生したことが原因だったと考えられる。

28. Begun, David R.: *The Real Planet of the Apes.* Princeton University Press, Princeton 2016.

29. Böhme, M., et al.: *The reconstruction of the Early and Middle Miocene climate and vegetation in the North Alpine Foreland Basin as determined from the fossil wood flora.* In: Palaeogeography, Palaeoclimatology, Palaeoecology, Vol. 253, 2007, p.91-114.

30. Böhme, M: *Miocene Climatic Optimum: evidence from Lower Vertebrates of Central Europe.* In: Palaeogeography, Palaeoclimatology, Palaeoecology, Vol. 195, 2003, p.389-401.

31. Böhme, M.: *Migration history of air-breathing fishes reveal Neogene atmospheric circulation pattern.* In: Geology, Vol. 32, 2004, p.393-396.

32. 霊長類（サルと原猿）は、六〇〇万年以上前に北米やアジアなど北部の大陸で発生した。のちになってからアフリカに移動したと考えられている。

33. 重脚目は、サイくらいの大きさの草食動物で、並行する二本の角を持つ。体形は有蹄類に似ているが、系統的にはゾウに近い。テチス海のいくつかの島に到達したが、ヨーロッパには到達していない。

第8章　ヨーロッパにおける進歩——オークの森に棲む類人猿

生命発展史でよくあるように、類人猿進化の第二段階（一四〇〇〜七〇〇〇万年前）は気候変動によって始まった。一四〇〇万年前に中新世温暖期が終わり、南極東部は完全に氷結した。南極をめぐる安定した海流が生じて、海底の冷水が海面にもたらされる。[34]冷水は大気中に含まれる多量の二酸化炭素を結合させる一方、強力な風化プロセスによって膨大な地球温暖化ガスが岩石に吸収された。[35]

結果として大気中の二酸化炭素量が大きく減り、長期的には平均気温が低下する。当時は、氷河として存在する水の量が現在より二〇パーセント多かった。これは地球の気候や生態系に広範な影響をおよぼす。気温が平均五度低下し、海水位が五〇メートル下がり、大陸沿岸部の浅瀬は干上がった。こうしてアフリカとアラビア半島は、ユーラシア大陸とランドブリッジで結ばれた。

多数の哺乳動物がこの機会を利用して北部に移動した。類人猿もそこに含まれ、今回は大規模かつ長期的に移住する。まもなくユーラシア大陸の広範囲にわたって——イベリア半島から中国まで——広がり、急速にのし上がって多数の森林を支配するようになる。そのため、この時代を〝サルの惑星〟と呼ぶのはあながち不適当ではない。類人猿による北半球一帯の支配は、人類進化史の画期的なできごとといえる。類人猿がユーラシアに到達しなかったなら、北緯における生活環境の変化に適応する必要性は生じないので、人類進化はそもそも起こらなかったのではないだろうか。

エドゥアール・ラルテの発掘したドリオピテクス・フォンタニ、つまり南仏の〝オークの森のサル〟は、ヨーロッパに継続的に移住してそこで進化を続けた最初の類人猿の一種だ。ラルテの発掘物は、その後ヨーロッパで多数出土した化石の最初のものだった。ドリオピテクスは体重二〇〜四〇キロで、チンパンジーより小さかったと推測される。発見された骨や歯から、主として樹上で生活し、やわらかい植物性素材を食料としていたと考えられる。地面を移動するのはまれで、顔はゴリラによく似ているが、ゴリラよりずっと小さい[36]。脳体積は二八〇〜三五〇立方センチメートル。現生チンパンジーの脳は平均四〇〇立方センチメートルなので、それよりやや小さい[37]。

現在では、類人猿はドリオピテクスのほかにヨーロッパで一一種、アジアで九種知られている。発見されたのは、パキスタン、中国、ミャンマー、タイ、フランス、イタリア、スペイン、ギリシャ、ブルガリア、トルコ、オーストリア、ドイツ、スロヴァキア、ハンガリーなど。発掘物の多くは、すでにかなり進化した特徴を持つ。たとえば、ハンガリーのルダバーニャ金鉱で一九六〇年代末から多数出土した骨や歯によって類人猿のイメージを復元すると、現生チンパンジーとほぼ同じ大きさの脳を持っていたことがわかる。ただし、体つきはずっと華奢で体重も軽かったらしい。これはルダピテクス・フンガリクス〈Rudapithecus hungaricus〉と呼ばれる。脳の容量と体重の比から動物の持つ知性のおおよその手がかりが得られるとするなら、現生類人猿より賢かったことになる……もちろん人間を除いてだが。コミュニケーション行動や社会行動が高度に発達していたことも、ここから推察される。

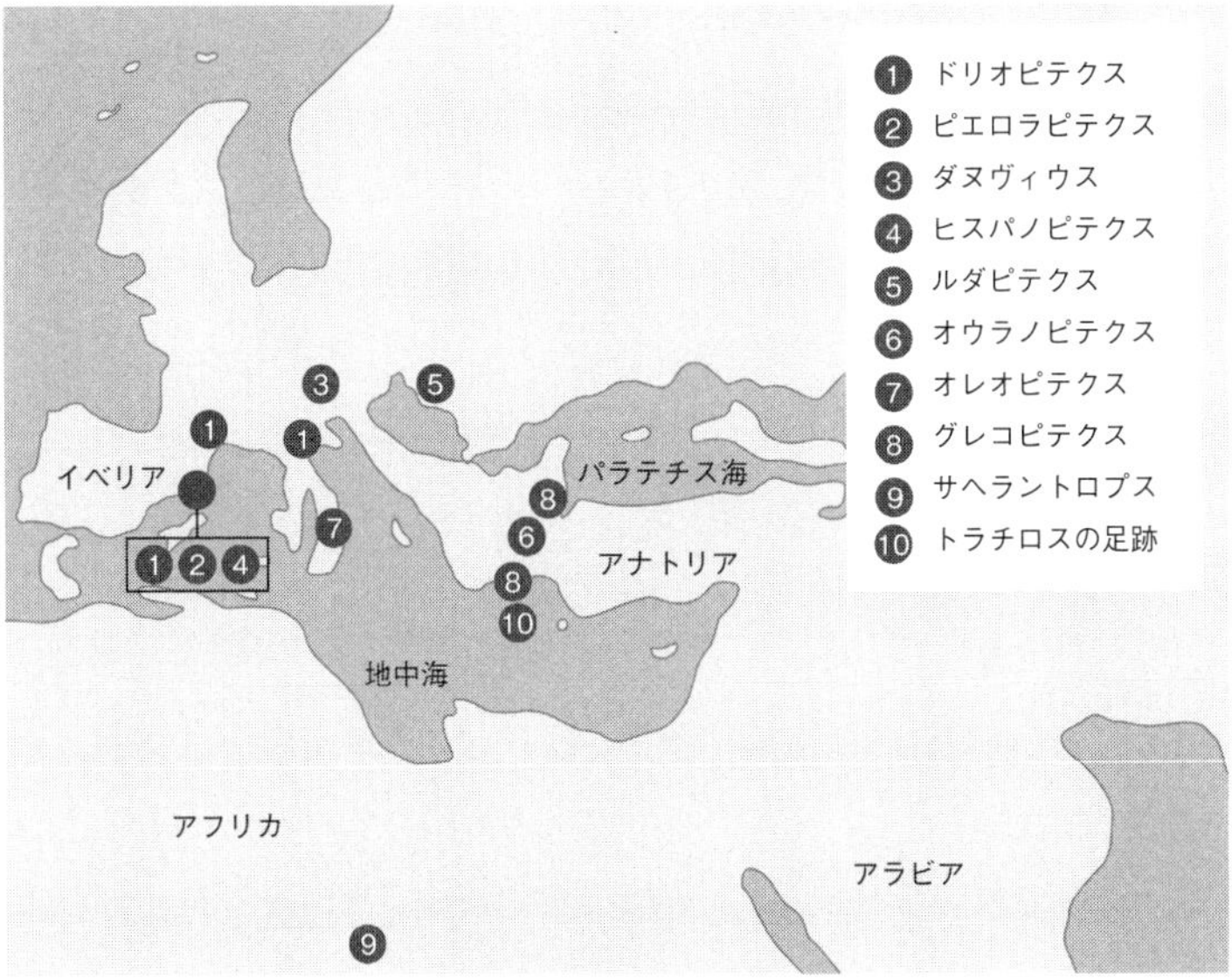

図10　1000万年前の古地図と類人猿の発見地

二〇〇四年から二〇〇九年にかけて、スペイン東北部にある小さな地域が何度も続けさまに世界の注目を浴びた。バルセロナ凱旋門のそばにあるペネデス谷。カタロニア州の州都がごみ処理場にしているカン・マタという町のそばでとくにたくさんの化石が出土した。数百万立方センチメートルの土が掘り起こされ、数千個の化石が発見されたのだ。[38] 類人猿進化のほぼ中段階にある三属、ドリオピテクス〈Dryopithecus〉、アノイアピテクス〈Anoiapithecus〉、ピエロラピテクス〈Pierolapithecus〉がそこに含まれる。[39]

不毛な時代にそなえての脂肪の蓄え

この時代のヨーロッパやアジアでは、オークやブナなどの落葉樹に押しやられて熱帯樹が衰退し、ワニ、ライギョ、カメレオンなど温暖な気候を好む動物多数が消滅した。慣れる必要のあるユーラシアの植生は、類人猿にとって難題だった。アフリカと違って果実は限られた季節にしか得られない。さらに、北の新しい故郷では、冬の日照時間が大きく減って日がかなり短い[40]。そのことも食料の入手に直接ひびく。つぼみや木の葉の形成と供給は、北の高緯度地域では温度ではなく、主として日照条件によって左右されるからだ。春が訪れて日が長くなると、植物は発芽し、秋に日がしだいに短くなると、落葉する。結果として、当時も冬季の森のなかは温暖ではあるが暗く、ほとんどの木は新葉を持たなかった。樹木の葉は枯れて落ち、果実も実らない。この相互作用は、樹上で生活し、木の葉や果実を主食とする類人猿にとって生存をおびやかす問題だった。

そのうえ、熱帯林では一〇〜五〇メートルの高さに三層の林冠が形成されるのに対し、低位置に一層しかできない。その理由の一つは、ほとんどいつも大気中の水蒸気量が少ないことにある。そのために高緯度地域は赤道付近より乾燥しているばかりか、樹木の生え方がまばらで森林面積も少ない。ユーラシアの類人猿は、このような困難な環境にうまく適応し、さらに繁栄した。どうして可能だったのだろうか。

一つの可能性として、分子生物学の調査から得られたもっともらしい説明がある。それによると、一五〇〇万年前、ユーラシアの類人猿にたんぱく質代謝を変化させる遺伝子突然変異が起こった[41]。そのため、尿酸酸化酵素（ウリカーゼ）の生産ができなくなった。ウリカーゼは尿酸を分解して尿から排出する作用を持つ。この酵素が欠乏すれば、尿酸の排出が悪くなり、血液中の尿酸濃度が高くなる。それは能力や健康に大きく左右する。血液の尿酸値が上がれば、身体はフルクトース（果糖）を脂肪に変え、脂肪細胞として肝臓や組織のなかに溜めるからだ。人間はこの変異を類人猿の祖先から相続した。多数の人々が痛風、糖尿病、肥満、高血圧、血液循環障害などの文明病に苦しんでいるのはおそらくそのためだと考えられる。[42]

しかし、ユーラシアに分布した類人猿の祖先にとって、物質代謝の変化は大きなメリットだった。それから先も地域によっては冬季二カ月ないし四カ月、新鮮な木の葉や果実やナッツ類なしで過ごさなければならなかったが、その前に脂肪を蓄えることができるので、食料の少ない季節を乗り越えやすくなった。[43] さらに、尿酸は血圧を安定化するので、変異遺伝子を持つ種は長期にわたって食料が欠乏してもすぐに疲労することなく、心身ともに活動的でいられるようになった。北方の広野の条件に適応して進化した類人猿は、結果的にユーラシア広域に住みつき、遅くとも一二五〇万年前にはオランウータン亜科〈Ponginae〉とヒト亜科〈Homininae〉に分かれた。

オランウータン亜科は、トルコ付近から中国にいたるまでの広大な東部地域に生息した。現生オランウータンと絶滅した祖先を包括し、長い人類進化プロセスにはまったく関係がない。過去には違う意見を持つ科学者もいたが。

それに対してヒト亜科は、現在の人間とアフリカに生息する類人猿およびその絶滅した祖先を含む。類人猿の祖先は、ユーラシア西部[44]に生息した。数種のドリオピテクスもそこに含まれる。

進化の中段階であるこのころ、ヒト科の動物は主としてヨーロッパ地域に広がった。ヒト亜科の体格は、のちの高度に発達した類人猿すべてが持つ特徴にすでに進化している。腕は長く、肘は伸ばせる。胸郭は広がり、肩甲骨は背中の方向に近づいている。枝上でバランスをとるとき、胴体はいつも水平ではなく、ときどき直立だったらしい。

巨大な類人猿進化ラボ

こうした変化によって、ヒト科の動物は新しい方法で移動できるようになった。アフリカの元祖類人猿がしたように常に四本脚で歩いたり登ったりする代わりに、もう少し高度に進化した種は枝にぶら下がって飛び移るようになる。つまり、四つん這いから腕渡りに変わったといえる。手関節は柔軟になり、力強い腕のおかげで樹幹から上方へすばやく器用に登ることができた。手足の生体構造も適応している。枝をうまく握り、負担をあまりかけずに……ときには一本腕でぶら下がれるよう、手は軽く内側にカーブしている。足関節も柔軟でよく曲がる。枝を足でつかんで樹上にとまるのに都合がいい。足親指は、両足で太い枝をつかむことができるほど大きく、広げることが可能だった。

この性質のおかげで、類人猿は樹冠まで手が届き、栄養価の高い木の実を手に入れた。細い枝先になることが多く、それまではめったに採れなかったものだ。腕が脚より長いので、現生オランウータンの〝こぶし歩行〟やチンパンジーの〝指背歩行〟で観察できるように、四肢で地面を歩くときも脊椎は上向きの状態にある。指を曲げたまま歩くので、手のひらが地面に着くことはない。

進化にどれほど長い時間がかかったかを考えると、非常に重大な変化が比較的短期間で進行したといえる。そうしたことが起こるのは、急速に変化する生活条件に適応して新しい生態的地位を得なければならない場合で、一四〇〇万年～七〇〇〇万年前がとくにそうだった。地球規模でみると、気温はやや低くなり乾燥したが、ところによって例外もあった。アフリカ北部はサバンナや砂漠と化していく一方、ヨーロッパの状況はずっと複雑になった。降雨量はときにより現在の半分ほどで、樹木のまばらな乾燥地帯が広範に生じた。一例として、スペインでは砂漠に似た地域が拡張していった。しかし、温暖多湿な期間が二度、一一〇〇～九七〇万年前と九三〇～八七〇万年前にあった。森林は一度引っ込み、サバンナ状の開けた風景になったあとで、再び鬱蒼とした森が広がった。動植物は、この気候の相互作用に比較的短期間で適応しなければならなかった。

　温暖多湿な中間期には降雨量がきわめて多く、現在の三倍くらいだったらしい。気温はだいたい亜熱帯または熱帯地域に相当し、年間平均で摂氏二〇度を超えていた。現在の中緯度地域にこのような蒸し暑い気候はない。洗濯場に似た条件が生じたのは、パナマ地峡が一時的につながって、それまで一度もなかった南北アメリカの橋渡しができたためではないかと考えられる。[45] 地球内部のテクトニクス力によって二つの大陸が接近し、南大西洋上部の暖流が太平洋に流入することはなくなり、北東に向かって流れるようになる。こうして地球史で初めてメキシコ湾流が生じ、温水が北大西洋に運ばれた。アイスランドとアゾレス諸島のあいだの気圧差と気化熱により、強い西風と集中降雨がヨーロッパにもたらされた。

　洗濯場気候時代における相当量の降雨のために、ヨーロッパにはラインやドナウなどの大規模な水系や大きな湖が生じた。また、アフリカとヨーロッパの大陸プレートが衝突し、アルペン、ピレネー、カルパティアといった山脈が形成された。さまざまな高度ゾーンに新しい生活環境がたくさんできて、動植物はあらたな進化反応を見つけなければならなくなる。

ヨーロッパにおける進化の中間段階にあたるこの期間に、類人猿は変動にとりわけよく持ちこたえ、顕著なほど急速に発達した。その理由は多様化した生活環境または豊富な水の供給にあるのか、効果的な遺伝子適応にあるのか、わからない。はっきりしているのは、この時代に由来する高度に発達した類人猿の化石がアフリカでまだ発見されていないことだ。多数の専門家が必死で探したというのに。

カナダ人デイビッド・ベグンは類人猿の進化史に最も熱心に取り組んできた人類学者の一人だが、中新世（二三〇〇～五〇〇万年前）にアフリカとユーラシアで似た種類の類人猿が生存した可能性は低いと考えている。著書『The Real Planet of the Apes』（サルの真の惑星）のなかで、ベグンは数十年にわたる研究の結果を次のようにまとめている。

「アフリカの類人猿と人間の祖先は、実際にアフリカではなくヨーロッパで発達したように思われる」[46]

彼の記述によると、一四〇〇～七〇〇万年前のヨーロッパは、類人猿が著しい発展をとげた巨大な進化ラボだった。その後、ヨーロッパの気候条件は厳しくなり、アフリカは住みやすくなったので、再びアフリカに移動した。

この時代については不明な点が多いとはいえ、ベグンの想定は正しいのではないだろうか。私や同僚が近年ドイツで発掘した注目すべき化石の数々が、この件をさらなる光で照らしてくれる。類人猿の進化第三段階、つまり最後の段階について語る前に、次の章で紹介したい。

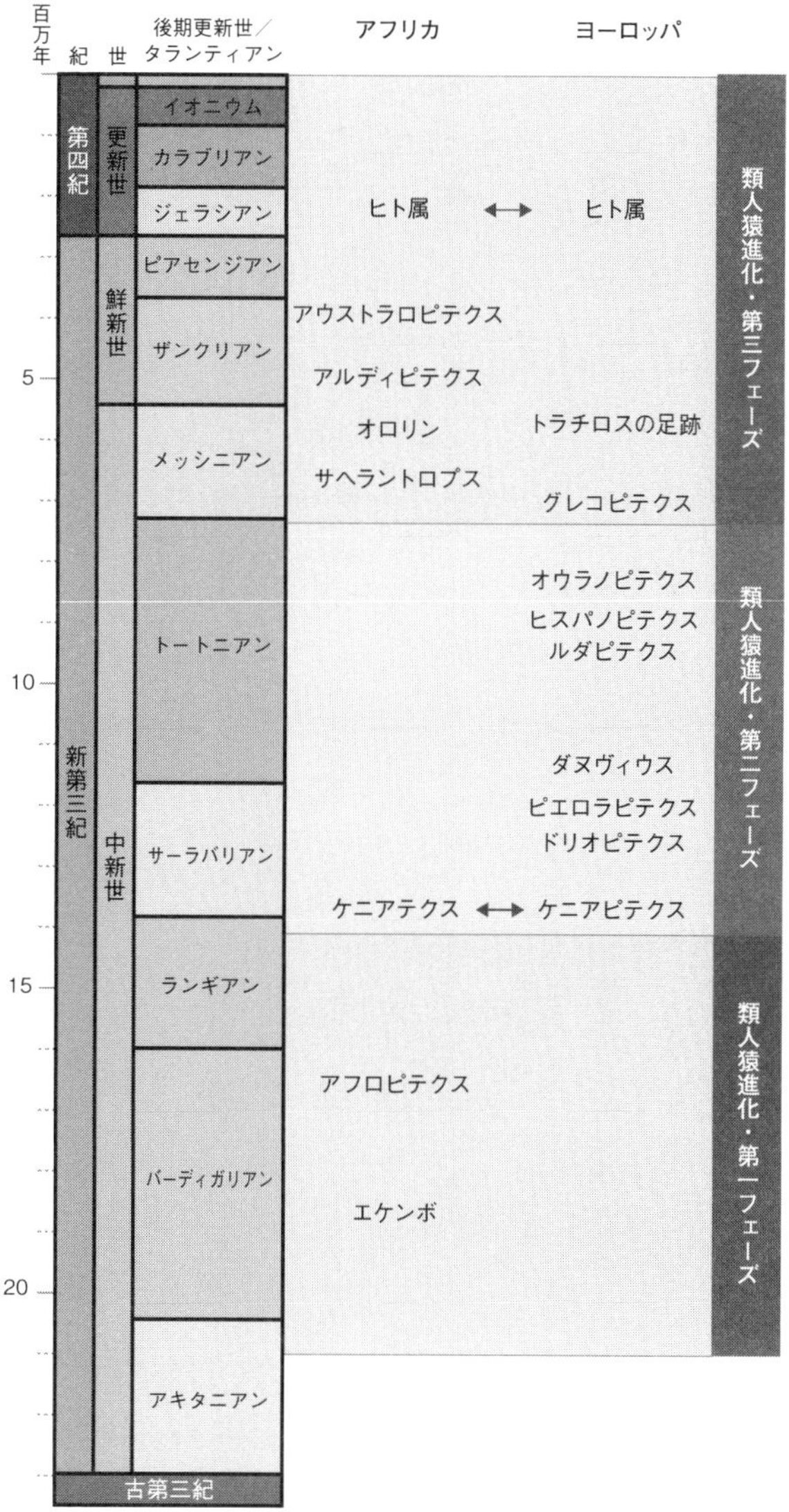

図 11　地質時代区分表と重要なヒト上科

34. Schönwiese, Christian-Dietrich; Buchal, Christoph: *Klima.* Helmholtz Gemeinschaft, 2010.
35. 大量の岩石の浸食により、大気中の地球温暖化ガスは減少する。岩石の崩壊は緩慢な自然のプロセスで、鉱物が二酸化炭素を化学結合させることによる。（参照）Wan, Shiming; Kürschner, Wolfam M; Clift, Peter D; Li, Anchun; Li, Tiegang: *Extreme weathering/erosion during the Miocene Climatic Optimum: Evidence from sediment record in the South China Sea.* In: Geophysical Research Letters, Vol. 36, Nr. 19, Oktober 2009.
36. Begun, David R.: *The Real Planet of the Apes.* Princeton University Press, Princeton 2016.
37. Begun, David R.; Kordos, László: *Cranial evidence of the evolution of intelligence in fossil apes.* In: The Evolution of Thought. Evolutionary Origins of Great Ape Intelligence. Cambridge 2004.
38. Casanovas-Vilar, Isaac, et al.: *The Miocene mammal record of the Vallès-Penedès Basin (Catalonia).* In: Comptes Rendus Palevol, Vol. 15, 2016, p.791-812.
39. これまで発見された最古のテナガザルでもある。
40. 北緯四五度地域では、夏至時の昼の長さは一五時間、冬至時は九時間。赤道付近における昼夜の長さと比較すると、差は大きい。
41. Kratzer, James T., et al.: *Evolutionary history and metabolic insights of ancient mammalian uricases.* In: PNAS March 11, 2014.
42. Böhme, M. : *Schon unsere Vorfahren vor 1,25 Millionen Jahren aßen Süßes und entwickelten Fettleibigkeit.* テュービンゲン大学における記者会見。二〇一八年八月三〇日。
43. Johnson, Richard; Andrews, Peter: *Fructose, Uricase, and the Back-to-Africa Hypothesis.* In: Evolutionary Anthropology, 2010.
44. ヒト亜科（Homininae）に含まれるのはアフリカに生息する類人猿とヒト。進化史という観点からはややこしく感じられる。というのも、この段階の化石はアフリカ以外の地域でしか発見されていないからだ。ここでは、現在存在する種のみを指している。
45. Böhme, M., et al.: *Late Miocene »washhouse« climate in Europe.* In: Earth and Planetary Science Letters, Vol. 275, 2008, p.393-401.
46. Begun, David: The Real Planet of the Apes. Princeton University Press, Princeton 2015.

第9章　アルゴイのサル——「ウド」とチンパンジー前段階

バイエルン州アルゴイ地方に位置するカウフボイレン市は、有名なノイシュバンシュタイン城から近い。近郊にあるイルゼー修道院の周囲の地面に粘土質の岩石があり、褐炭の堆積層を含んでいる。褐炭は昔から知られ、地域の住民は経済的な低迷期に燃料として使用するためにこれを掘り起こした。だが、粘土のなかにどれほど貴重なものが埋もれているか、当時は誰も想像しなかった。

科学的価値のあるものが埋もれていることを知る少数の人々の一人が、アマチュア考古学者シグルフ・グゲンモース[47]だった。彼は早くも一九七〇年代に、イルゼー修道院から数キロ離れた町プフォルツェンにある粘土採掘場で数百万年前の哺乳類の化石を発見した。そのなかにはゾウの祖先の骨格の一部、ハイエナの下顎、モリレイヨウの残骸が含まれる。このころ、グゲンモースとは無関係に、ミュンヘン大学の科学者たちが小型哺乳類の化石を発掘するために同じ場所を訪れた。彼らにも収穫があり、未知の種や属の齧歯類と食虫類がいくつも見つかった。一九七五年に発表した学術論文[48]には、埋没した種の豊富な動物世界のことが描写されている。また、岩石関係にも言及し、黒炭のかけらを多量に含むことから特別な粘土層が識別されると説明しているが、これは重大な誤りだった。

その後三〇年以上にわたって、カウフボイレン近郊の土中に眠る古生物学の宝物に興味を抱く人はシグルフ・グゲンモースのほかにはいなかった。地元の住民から〝鍛冶屋〟と呼ばれる粘土採掘場からは、年間数百トンの粘土がすべての含有物もろともれんが工場に運ばれ、れんがに焼かれた。私が二〇〇六年に初めて採掘場を訪れたとき、黒い物質を含む特徴的な層はすぐに見つかった。当時は高さ五メートルの採掘壁があったのに、幅約五メートルの溝状構造しか残っていない。〝黒炭のかけら〟と誤断されたものは、大きいので一〇センチあり、柔らかくもろい。圧力抵抗性のあるふつうの褐炭とは違って指のあいだで砕けてしまう。私はルーペを取り出した。一〇倍に拡大されたそれを見て、やっぱり、と思った。大きめの穴のあるスポンジ状の構造。黒く染まった骨だったのだ。

独特の粘土層を慎重に調査するにつれ、しだいに明らかになっていく。数百万年前にはそこは川底で、大型小型の動物の化石残骸を多量に含む土砂で埋まったのだ。経験のある古生物学者にとって、それはひとまず珍しいことではない。二〇一一年に開始した発掘活動は年々集中度を増していき、二〇一五年夏にセンセーショナルな発掘物によってやっと粘り強さが報われた。類人猿の歯が出土したのだ。

この瞬間から、〝鍛冶屋〟の意味はまったく新しい光を浴びる。類人猿進化にとって重要な認識に貢献する場所であることを、発掘に関与する科学者全員がふいに知ったからだ。

採掘場の運営者とは事前に話をつけて、年に数週間、溝の限られた場所で発掘作業にあたらせてもらうことになっており、採掘場の労働者の邪魔にならないよう気をつけた。ところがいまや、科学的価値の高い層が採掘によって毎年何メートルも失われるのは、私たちの研究にとって深刻な脅威に思われた。貴重な類人猿の化石が永遠に失われてしまう。われわれ人間がどのように成立したのかを理解するための基本的な鍵なのに。しかし、発掘のキャパは経済的にも人員的にも限界がある。国内の科学研究を助成するドイツ研究振興協会は、救助発掘のために協調融資をしてほしいという私の申請を却下した。評議会の見解では、科学には該当しないという理由で。それでも救えるだけ救いたい。私はその翌年、チームとともに珍しい緊急アクションを実行し、採掘の脅威に晒されている流水堆積物をできるだけたくさん掘ることにした。

ウド・リンデンベルクとすばらしい発掘物

二〇一六年五月一七日はよく晴れた春の日で、私は博士論文執筆中のヨッヘン・フースとともにワーゲンバスでテュービンゲンからアルゴイに向かった。カーラジオのどの番組を聴いても、テーマは同じ。そう、今日はドイツのロック歌手ウド・リンデンベルクの七〇歳の誕生日なのだ。彼のヒット曲を聴きながらいい気分で〝鍛冶屋〟に着くと、浚渫機の運転手がすでに待っていた。短期間にできるだけ多量の流水堆積物をマシンで削り取り、近くにある倉庫に安全に保管するというのが私たちのプラン。そこでのちに落ち着いて化石を探す。運転手は、パワーショベルを慎重に動かす。埋まっているかもしれない大きめの化石を壊さないよう、手探りで掘っているような感じだ。それでもなお、この発掘法は乱暴すぎることはわかっているが、いくつかの重要な化石が焼かれてれんがになるのを防ぐための方法はほかにはない。

浚渫機は短時間で堆積物二五トンを〝貴重品保管倉庫〟に運び込んだ。え、たったのこれだけ、と思うほど山は小さく、もっとたくさんの岩石を救えないのが悔やまれる。だが、倉庫内はいっぱいだし、ほかに利用できるホールはない。採掘中の溝を軽く引っ掻いただけに見えるのに。そこで、その日の残った時間は、浚渫機で削った溝に沿って手とつるはしで掘って過ごすことにする。明日にはまた、溝の物質は何立方メートルも削られてれんが窯に入れられるのだから。

小型つるはしで思いっきり打ちつけて緩んだ石塊を取り、慎重に裏返す。私は息をのんだ。灰白色の粘土質の土からこげ茶色の骨が浮き出ているのだ。上部についた二本の大きな歯が日光を反射している。歯の形と大きさから、類人猿のものと確信する。駆け寄ってきた同僚と視線が合い、私も彼も満面の笑みを浮かべた。すでに五年以上にわたって〝鍛冶屋〟を徹底的に発掘している。スクレーパー、針、刷毛を使って、とにかく何一つ見落とさないよう一センチ単位で慎重に掘ってきたのだ。ところが、よりによって浚渫機とつるはしで作業しなければならなくなった今、センセーショナルな発見があるとは。

貴重な発掘物の付着物を取り除いて容器に入れると、私たちはさらに探し始めた。収穫に触発され、浚渫機が残していった石塊を一つひとつ丁寧に裏返す。すると、本当に第二の幸運に恵まれた。石塊の一つに類人猿の歯が一本、埋まっていたのだ。古生物学者の心臓が高鳴る瞬間だった。

その歯は、右下顎の第二大臼歯であることがわかった。一年前に見つかったのは右下の智歯。左下顎と別々に見つかった右の歯二本は、同一個体のものだろうか。ばらばらになった一類人猿の骨格を発掘するというめったにないチャンスがここで実現するのか。帰りの車でその可能性について活発に話し合っているときも、カーラジオから流れてくるのはウド・リンデンベルク一点張りだった。こうしてウドは、ドイツにおけるここ数十年来で最も重要な古生物学の発見のパトロンとして売り込んできた。実際にオスであることがのちになってわかり、考えるまでもなく「ウド」と名づけた。

この日から、もっと徹底的かつ広範囲に発掘する必要があることが明らかになった。歴史がいっぱいに詰まった数百トンの土がこれまで失われてしまったのは、もう取り戻せない。どの一立方センチメートルをとっても、「ウド」の骨格のパズルピースがあったかもしれないのに。いまや、これ以上の物質が調査されずに失われることのないよう、できる限りつくさなくてはならない。だが、どうすれば実現できるのか？　粘土採掘の進行と同じくらい速く掘るのか。そのためには、多数の科学者と発掘ヘルパーに、年に数カ月間も作業してもらわなければならない。特別予算もなく数名の学生だけでは無理な話だ。

バイエルン州は古生物学の発掘物をサポートしないので、公的援助は見込めない。皮肉なことに、問題は「ウド」の進化レベルにある。というのも、バイエルン州の地中では考古学的遺跡だけが十分なサポートを得られるからだ。古生物学と考古学に境界線を引くのは文化であり、「ウド」がチンパンジーやボノボで知られているように道具を使ったのであれば、〝鍛冶屋〟の発掘物は考古学的文化遺物となる。だが、「ウド」についての情報を得てそれなりの論拠を示すためには、もっと発掘物がいる。いくら裏返したり向きを変えたりしてもどうにもならないから、代替策が必要だ。

私は、一般市民を募って発掘作業を行うというアイデアに希望をかけた。年齢や学歴を問わず、多くの人々がこうした活動に心惹かれることは、経験から知っていた。誰もが自然科学者のタマゴの性質を持つからだ。そこで、既存のネットワークや特定のフォーラムを使って関心を抱くアマチュア・ヘルパーを探し、無料で科学的発掘に参加するチャンスをオファーした。発掘プロジェクトによっては、アマチュア考古学者や宝探し体験ツアー参加者が高額の料金を支払うケースもある。しかし、私のところの参加者が必要とするのは興味と好奇心……それと、豊富な忍耐力だ。

さいわい、多数のヘルパーに恵まれた。二〇一七年と一八年に実施した各三カ月の発掘活動では、九歳から七五歳までの五〇名以上の方々が作業にあたった。子ども連れの家族、年金生活のご夫婦、同僚の友人や両親、口コミで興味を抱いた地域の住民、もちろんテュービンゲン大学をはじめとする多数の学生もいる。ソーシャル・ネットワークを通して国内の多数の大学の地球科学専攻学生にコンタクトし、大きな成果が得られた。

二年間に堆積物二〇〇立方メートル以上を調査し、五〇〇〇個を超える化石が見つかった。一〇〇種類以上の脊椎動物が確認できたが、なかにはそれまで知られていなかった種もある。世界でもまれな化石の宝庫といえるだろう。大ざっぱに見ると、大昔の熱帯性生態系の全体像が得られる。そこには魚、オオサンショウウオ、カメ、とっくに絶滅したヘビや鳥類、ハツカネズミからサイやゾウにいたるまでの哺乳類が含まれる。非常に嬉しいのは、三六種の類人猿の化石が見つかったことだ。しかも珍しく良好な状態で保たれていた。

類人猿の化石が見つかるのはだいたいが歯で、骨格はハイエナに食べられる、風化、不適切な発掘等によって破壊され、たいてい断片として残されており、全体が見つかることはほとんどない。それが〝鍛冶屋〟では、身体のほとんどの部分の完全な骨が見つかった。これらの物質の大部分、具体的にいうと二一個が一個体……「ウド」に属するものだ。
　こうして「ウド」の骨の一五パーセントが目の前にある。手足の骨、脊椎の一部、脚と腕の骨、さらに膝骸骨まである。しかも「ウド」のほかにも、類人猿三個体に属する骨一五個が見つかった。大小二個体のメスと、亜成体のもの。最古の原家族のものだろうか。

　タイムマシンで「ウド」の世界にタイムトラベルしたらどうだろうか。今から一一六二万年前[49]の、現在アルゴイと呼ばれる地域を訪れることができれば、次のような光景が見られるだろう。
　驚くほど暑い秋の朝。南方五〇メートルの距離にアルプス山脈がくっきりと際立つパノラマ。二五〇〇メートルを超える山頂には今シーズン最初の雪が積もっている。樹木のまばらな草原風景が山脈の麓まで続き、ところどころで空気がかげろうのようにゆらゆらしている。かすかな南風が乾燥した茶色い草の茎をなでる。植物は最初の冬の雨を待ち焦がれている。無数の草食動物の餌となるのは、いまや低木や茂みくらいしかない。ミュンヘン・モリレイヨウ[50]の小さな群れがいる。先端が二股になったがっしりとした角[51]を持つ華奢な動物は、遠目には防衛的なシカにも見える。仔ゾウを連れたゴンフォテリウムのメス[52]を見て、すばしこい矮小シカであるホエジカのグループが驚き、乱雑なジグザグを描きながら逃げていく。後ろにそった枝角と短い前脚のせいで、パニックに陥ってぎくしゃくと走っている印象がある。[53]
　太陽が高く上るにしたがって、暑いサバンナ風景に動物の数は減っていく。暑さをものともしないのは、細足のサイ[54]とキジ[55]。サイが掘り返した地面を、キジが餌を求めてつつき回す。ヨシにおおわれた湿地は[56]、長く続いた夏の嵐[57]のなごりですでに干上がったものもある。ヨシのなかには無数のカミツキガメ[58]が隠れていて、邪魔ものがあれば何でも襲いかかる。カタツムリ、カエル、不注意な水鳥までだ。一つの水飲み場で食べつくしてしまうと、次のを探す。ある湿地のそばでは、ライオン大のアンフィキオン[59]がしとめたイノシシ[60]の骨をばりばりと噛み砕いている。こうした捕食動物は、あたり一帯で出会う可能性のあるもののうち最も危険なので、近づかないほうがいい。いつハイエナの群れ[61]がやってきて獲物を手放すことになるかわからないので、アンフィキオンは過敏かつ攻撃的になっているから。

　数キロメートル先に、深緑色の密な網目が風景を縦横に貫いている。蛇行して伸びる植物帯があるのは、丘のような前アルプスを源とする細流のおかげだ[62]。遠くのほうからカリコテリウム[63]の発情期の鳴き声が聞こえてくる。湿った地面には、奇蹄類の動物の足跡がある。大型のアンキテリウム[64]のものだ。ブナ林[65]の枝の分岐の上でりっぱなオオパンダ[66]が昼寝する一方、空飛ぶベッドサイドマットさながらのモモンガ[67]が枝から枝へ軽々と飛び移る。私たちは密生する低木をぬって歩き、川岸に達した。この季節には川幅は五メートルもなく、水は流れるというよりほとんど静止している。最も深い場所でもせいぜい膝くらいまで[68]しかなく、水中には魚がいっぱいだ。一メートル半もあるオオサンショウウオ[69]は、なんの苦もなく大好物のナマズ[70]をさっとつかまえる。濁ったくぼみに手のひら大のナマズがうようよといるのだ。

　ふいに、耳をつんざくような音が聞こえてきた。まさか。戦闘の叫び声のように思われて、私たちは動きを止めた。動物たちにこちらの音を聞かれないように、叫び声がするあいだだけ恐ろしい声のする方向に急ぎ足で進む。

現場に十分に接近すると、劇的なシーンが目の前で展開していく。頭上数メートルの高さを横に伸びる太い枝に、ヒョウ[71]ほどの大きさのネコが恐るべき犬歯をむき出している。今にも飛びかかりそうな姿勢だ。その真下のつる草の陰に、叫び声の主が見えた。類人猿のオス。もしかすると「ウド」かもしれない[72]。

身体を伸ばし、手足でつる草をしっかりとつかみ、幅広の胸を挑発的に前にそらしている。身長約一メートルだが、その格好だとずいぶん立派な印象がある。類人猿には珍しく膝と腰を完全に伸ばしているので、草のなかに立っているように見える。短い叫び声で大型ネコに〝チャンスなどないぞ。俺たち、つる草のなかがわが家なんだから!〟と伝えようとしているのか。大型ネコが目をつけたのは彼だけでなく、グループ全員だ。彼からやや離れた下方のつる草の網のなかに数匹のメスとオスが〝直立して〟いる。ネコは木々の枝なら器用にすばしこく歩けるが、不安定なロープ状のつる草には、前脚や鉤爪はふさわしくない。一時間以上攻囲したのち、大型ネコはあきらめ、音もなく歩み去った。しばらくしてようやく落ち着くと、サルの家族はさっきまで大型ネコがいた大枝を、なんと二本脚で歩き出したのだ。四匹全員がヒトのように膝と腰を伸ばし、一列縦隊で幹に向かっていく。外側に広がった長い足親指が枝をしっかりとつかみ、直立した胴体に安定性を与える。長い腕を使うのは、一段上の枝によじ登るときだけ。類人猿にはじつに珍しいことだ。

類人猿と人間を結ぶミッシングリンク？

思考実験はこのくらいにして、大昔のシーンから現在に戻ろう。このようなタイムトラベルは、状況を認識して仮説を立てる役には立つが、科学では事実が意味を持つ。めったにない類人猿の化石を発見して気持ちが高揚しているとはいえ、まず次のことを明白化する必要がある。これらは一つの種に属するのか、また、過去に発掘された種と同じものなのか。

アルゴイのすばらしい発掘物が既知のどの種にも属さないことは、すぐに判明した。まだ記録のない種や属の類人猿だったのだ。私は、同僚とともに適切な学術名を探し、長く考えることなくダヌヴィウス・グッゲンモシ〈Danuvius guggenmosi〉に決定した。ダヌヴィウスとは、ケルト神話の川神の名前だ。今から二〇〇〇年以上前に現在のアルゴイ地域に住んでいたのはケルト民族であり、ダヌヴィウスはドナウ川やドン川、さらにケンプテン（アルゴイ地域にある都市）のラテン名〈Cambodunum〉の語源でもある。種名グッゲンモシは、〝鍛冶屋〟の化石の最初の発見者で近年亡くなったシグルフ・グゲンモースに敬意を表してつけられた。

ダヌヴィウス・グッゲンモシは、バルセロナ周辺から出土した類人猿三種より二〇万年ないし三〇万年新しいだけなのに、顕著に違っている。

頬骨は顎からかなり高い位置にあり、非常に頑丈で副鼻腔は広い。口蓋が高いことやさまざまな歯の特徴から、ダヌヴィウスは、カタロニア出土のものやラルテのドリオピテクスより進化の進んだグループに属することがわかる。頭蓋の特徴からすると、ずっと新しい時代のヨーロッパの類人猿[73]や、とくにアフリカの現生類人猿であるゴリラ、チンパンジー、ボノボに近い。ユニークなのはわずかに前に突き出た短い鼻で、類人猿というより猿人を思わせる特徴といえる。

「ウド」はダヌヴィウスのオスだが、アフリカの現生類人猿より身体はずっと小さい。身長約一メートル、体重三〇キログラムで[74]、有名な「ルーシー」の推定値とほぼ同じだが、ダヌヴィウスのメス二匹は一九キロまたは一七キロで、ずっと軽い。

ダヌヴィウス属の体つきについては、オスである「ウド」の骨からかなりよく研究できる。人間を除くほかのすべての現生類人猿と同じく、脚より腕が長い。前腕と下腿の関係はチンパンジーやボノボと近似し、前肢が後肢より一〇ないし二〇パーセント長い。ゴリラや、とくにオランウータンではもっと腕が長い[75]。しかし、ダヌヴィウスの特徴でとくに目につくのは、手足の親指がことさら大きく頑丈なことだ。足親指の骨は大きく外側に向いているため、親指を足の裏に向かい合わせることができる。手すりにつかまって身体を引き上げるときのパワーグリップのようなものだ。つまり、ダヌヴィウスは手だけでなく足でもしっかりつかむことができた。また、体重と足親指の割合を比較すると、チンパンジーやボノボ、さらに人間より足親指が大きかったことがわかる。人間は、現生類人猿のなかで最も長い足親指を持つというのに。足親指の骨が外に向いているのは、樹上で生活するすべてのサルに共通するが[76]、ダヌヴィウスでは、その加減が現生および化石のどのサルよりも特徴的である。

ダヌヴィウスが足をこぶしのように握れば、相当な力を生み出せたのではないだろうか。足親指の末節骨を強く曲げる能力のおかげで、非常に小さい物体や細い物体も足でしっかりつかむことができただろう。小枝やつる草が絡み合う環境で生きるのに理想的な装備といえる。枝が何層にも伸び、つる草が生い茂る樹間がお気に入りの生活空間だったと考えられる。そこでは木登りする捕食者から確実に身を守ることができたから。

とくに珍しいのは、「ウド」の骨格部分のなかに胸椎二個が見つかったことだ。鎖骨の高さの最上部のものと、下のほうのもの。これら胸椎の生体構造から、ダヌヴィウスはすでに幅のある胸郭を持っていたらしい。下の胸椎は機能的には腰椎に相当する。この観察は大きな意味を持つ。現生類人猿と違い、ダヌヴィウスの腰部脊柱は長くなっていたことを示すからだ。直立歩行の猿人にとって、腰部の延長は脊柱をS字型に曲げるのを可能にする。これがなければ安定した直立歩行はできないだろう。ダヌヴィウスの脊椎の構造は、大腿骨および脛骨の特徴と一致し、股関節および膝関節を伸ばしたときの負担を証明する。

新しい種の珍しい特徴は、膝と腰を伸ばして安定的に直立し、腰部脊柱を折り曲げる能力だ。現生類人猿が二本脚で立つときには、膝と腰はいつも曲がっている。[77] 腰を伸ばして直立するには、腰部脊柱が短すぎるのだ。木に登るときも膝関節、腰関節、足関節は曲がったままで、長い腕が木登りの道具となる。私たちが発見したダヌヴィウスの骨は、チンパンジー、ゴリラ、オランウータンとは明らかに異なる体格を示す。「ウド」が木登りをすれば、主役は脚で、腕や手はつかんで身を支えるのに使ったのだろう。この特徴から、ダヌヴィウスは人間と類人猿に共通する最後の祖先に属する可能性があるから、意味は大きい。くだけた言い方をするなら、上半身はサルに近く、下半身は猿人に近い。

「ウド」とその仲間が別の木に移動するために地面を歩いたかどうかは、まだわかっていない。

それを判断するには、もっとたくさんの足骨格がいる。つる草のカーテンのあいだを上り下りしたのかもしれない。つかむ技術とつる草を木登りの手段として、枝のいちばん外についた果実[78]もうまく収穫できたのだろう。

ダヌヴィウスは腕渡りによる移動にも腕を使えたに違いあるまい。しかし、比較的湾曲の少ない指骨や肘関節が示すように、それはメインではない。〝ロープ〟にぶら下がるのはまれで、つる草と枝からなるメッシュに立つことが多かったのだろう。この行動は、類人猿におけるこれまで知られていない適応であり、これをプロトタイプとしてわれわれ人間の常時二本脚歩行に発展したのではないか、と考えられる。なぜなら、現生のチンパンジーやゴリラの体格は、腕渡りや腕をメインに使って木に登る移動法への順応が強く、われわれ二本脚生物の出発点とは考えにくいからだ。

そこから、ダヌヴィウスはチンパンジーと人間の最後の共通の祖先に先行する種であった可能性もある。彼らの移動法については、四足歩行の類人猿と二足歩行の人間をつなぐ真のミッシングリンクといえる。アルゴイで出土した類人猿は、〝人類はどのようにして動物界を超越したのか〟を理解する鍵となる発掘物なのだ。

ダヌヴィウスの時代から五〇〇万年近く経過したころ、つまり七四〇万年前、両極地域の氷河がしだいに拡張し、類人猿の進化第三段階が訪れた。南極西部は完全に氷河化し、それとともに大陸はすっかり氷におおわれた。グリーンランドも厚い氷の殻に包まれた。こうして両極地域が完全に氷河化して、現在の私たちが知る世界が生じた。

これがグレコピテクス・フレイベルギの世界。ギリシャのピルゴスおよびブルガリアのアズマカで残存物が発見された、七二〇万年前の種である。

47. シグルフ・グゲンモースは二〇一八年九月一五日に死去。残念ながら、〝鍛冶屋〟出土の類人猿を扱った本書の刊行は間に合わなかった。
48. Mayr, Helmut; Fahlbusch, Volker : Eine unterpliozäne Kleinsäugerfauna aus der Oberen Süßwasser-Morasse Bayerns. バイエルン州立古生物学地質学博物館による報告書（一九七五年一五号、九一―一一一頁）
49. 発掘物層の年代決定を地磁気層序で行った（第5章参照）。イルゼー修道院のそばで深さ一五〇メートルの土をボーリングにより採取。ここは山麓の粘土採掘場より深いので、コアの持つ古地磁気学のシグナルと採掘場の岩石とを比較調査することができた。その結果、化石の見つかった地層は一一六二万年前のものと計測された。（参照）Kirschner, et al.: A biochronologic tie-point for the base of the Tortonian stage in European terrestrial settings: Magnetostratigraphy of the topmost Upper Freshwater Molasse sediments of the North Alpine Foreland Basin in Bavaria(Germany). In: Newsletteron Stratigraphy. 49(3), 2016, p445-467.
50. ミュンヘンのイーザル川岸の堆積物から一九二八年に出土した種に、マックス・シュロッサーが〈Miotragocerus monacensis〉と記録。
51. 〈Miotragocerus〉属は、現生プロングホーンのような、二股に枝分かれした角を持っていたと考えられる。
52. 〈Tetralophodon longirostris〉は、ゴンフォテリウム（顎の上下に牙を持つ長鼻類）の仲間。上顎の反った牙が特徴的。〝鍛冶屋〟では成体および新生動物の骨格が見つかった。
53. 現在のホエジカの生息地は、南アジアおよび東南アジアの山岳地帯にある密林。〝鍛冶屋〟で発見された化石は、おそらく未知の種のもの。
54. 〈Hoploacerathenium belvederense〉は脚が比較的長く、前部の角を持たないサイ。最初の報告は、ベルヴェデーレ博物館（ウィーン）のワン（Wang）によるもの（一九二九年）。
55. 〈Miophasaneus〉属は、中新世（二三〇〇～五〇〇万年前）に最も多く存在したキジ目。

56. イルゼー修道院周辺地域では、湿地帯や周辺地域における植物の生長が盛んだったおかげで石炭が堆積した。
57. アルゴイでは、強い偏西風のために夏の降雨量が非常に多かったと考えられる。また、アルプス山脈に近いため、夏の暴風雨や地形性降雨があったと推測される。
58. カミツキガメは、〝鍛冶屋〟で発掘されたカメ五種のうち最も多い種類。北米に生息する現生カミツキガメに似ており、最大八〇センチの肉食動物で、おそらく大食だったと考えられる。
59. アンフィキオンは、絶滅した肉食動物〈Amphicyonidae〉科に属する。ドイツ語では〝Hundbär〟(Hund = 犬、Bär = クマ)と呼ばれるが、犬やクマとの近似性はない。ネコ目とは違い、餌動物の骨も噛み砕いて食べる。〝鍛冶屋〟で出土した〈Amphicyon major〉は、最後かつ最大のアンフィキオンに属する。身体の大きさは現生のライオンくらいあり、サーベルタイガーやハイエナの増殖により約一〇〇〇万年前に絶滅したと推測される。
60. 〝鍛冶屋〟で見つかったブタは二種。そのうち数の多い〈Parachleuastochoerus steinbeimensis〉は、現在ドイツに生息するイノシシと系統的にわりと近いが、体長は最大一・二メートルと、イノシシよりずっと小さい。
61. 〝鍛冶屋〟周辺地域に生息したハイエナ〈Miohyaena〉は、現生種と同じく屍肉と骨を食べたが、身体はやや小さい。
62. 小川の堆積物中に、山地から流された小石はなかったが、いわゆる海水性モラッセのなかに砂や微生物が見つかった。この海洋堆積物は、〝鍛冶屋〟からわずか数キロメートル南に位置する峰の層状モラッセにしか存在しない。ギュンツ川の現在の水源はこの地域にあるが、イラー川やヴェルタッハ川はアルプス山脈を水源とする。
63. 〝鍛冶屋〟出土のカリコテリウムは、〈Ancylotherium〉の未知の属であると考えられている。
64. アンキテリウムは、ウマ科〈Anchiteriinae〉に属する。真のウマとの違いは前後の足についた三本の指だが、脇の短い指は砂に触れるにすぎない。駆けるときは中央の長い蹄に体重がかかる。大型種は北米に生息し、ベーリング地峡からユーラシアに渡ったが、数は非常に少ない。〝鍛冶屋〟出土のアンキテリウムは、未知の種と考えられる。
65. 〝鍛冶屋〟で見つかった植物由来の化石は非常に少なく、その大半がブナの葉。
66. 現在知られている最古のパンダ〈Kretzoiarctos beatrix〉は、一一〇〇万年前にはアルプス西部地域に多数生息した。現生パンダより身体は小さく、草食ではあるがタケやササ以外のものを食料とした。
67. 〈Albanensia albanensis〉は翼幅一メートルあり、既知のモモンガでは最大。〝鍛冶屋〟で見つかった三種の一つ。すべてのリス科の動物と同じく、食料はブナなどの木の実。
68. この数値は、溝内堆積物の規模や堆積の仕方から算出したもの。激しい降雨ののちには、川幅は二五メートルに達した。

69. オオサンショウウオ〈Andrias scheuchzeri〉は、科学史上最も重要な化石の一つ。一七二六年、チューリヒの医師ヨハン・ヤコブ・ショイヒツァーは、同種の骨格を大洪水の証拠と解釈した。

70. ナマズ〈Silurus〉属は、〝鍛冶屋〟で最も多数(二〇〇個体以上)出土した動物。未知の新しい科で、体長はせいぜい二〇センチ。世界最古の真のナマズでもある。

71. 〈Pseudaelurus quadridentatus〉は真のネコ類。それよりかなり大きいサーベルタイガーは別の科に属し、〝鍛冶屋〟の土砂が堆積してから数十万年後にヨーロッパに移住した。

72. 「ウド」の頬骨は深くくぼんでいる。このような特徴的な副鼻腔は共鳴腔の役割を果たすので、声は強まり、声域は低くなる。そのため、「ウド」は大きな声を出すことができたと考えられる。

73. ハンガリー出土のルダピテクス〈Rudapithecus〉(一〇〇〇万年前)、スペイン出土のヒスパノピテクス〈Hispanopithecus〉(九六〇万年前)など。

74. 絶滅した類人猿の体重を割り出すには、全体重と、大腿骨のような体重を支える骨の大きさとの固定関係を基準とする。発掘されたダヌヴィウスの成体三体では、大腿骨が残っていたので、それに基づいて体重を計算した。

75. この適応は、腕渡りと関係がある。枝にぶら下がって移動するとき、片腕で全体重を支えることになる。腕が長ければ、いわばてこの効果が高く、枝を伝ってすばやく移動できる。しかし、体重が重くなると遠心力も増大するため、大型のゴリラはほとんど腕渡りをしない。ゴリラの腕は、脚より三〇パーセント長いにすぎない。体重が中くらいのオランウータンでは、腕と脚の比は五〇パーセント、超軽量のギボンでは八〇パーセント。

76. ヒヒやマウンテンゴリラのように地上で生活することの多いサルの場合、足親指はもっと内向きなので、足の裏と地面の接触に最適。

77. Lovejoy, C. O., et al.: *Spinopelvic pathways to bipedality: why no hominids ever relied on a bent-hip-bent-knee gait.* Philosophical Transactions of the Royal Society, 27 October 2010, p.3289-3299.

78. 現生チンパンジーの主食は熱帯性のイチジク。この果実は幹(幹生花)または大枝になるので、チンパンジーの食生活という観点では、イチジクの木の主要部は幹または大枝の領域であり、樹冠の外側の枝ではない。チンパンジーが新しい木に登るときは、主幹を登るだけで、たいていはほかのことに興味を示さない。それに対してケルンテン(オーストリア)の類人猿ドリオピテクス・カリンティアクス〈Dryopithecus carinthiacus〉は、到達するのが知られている限りではサクランボ、プラム、ブドウなどの果実を好んで食べた。こうした果実は、到達するのが困難な細い枝先やつる草に実をつける。 Fuss, J., et al.: *Earliest evidence of caries lesion in hominids reveal sugar-rich diet for a Middle Miocene dryopithecine from Europe.* (PLoS ONE 13(8), 2018)

第三部　人類発祥の地——アフリカか、ヨーロッパか

第10章　最初の祖先――サルなのか、それとも猿人か

私は同僚のニコライ・スパソフ、デイビット・ベグン、ヨッヘン・フースとの共著で二〇一七年に発表した論文のなかで、グレコピテクスはもはや類人猿ではなく、潜在的な最古の猿人ではないか、という仮説を立てた。[79] というのも、前述のようにこの種は猿人に特徴的な歯の形をすでに持っているからだ。直立歩行とともに、専門家の意見がある程度一致している、人類の血統〈ヒト族〈Hominini〉〉特有の数少ない特徴の一つである。

このテーマは大きな社会的反響を呼び、専門家のあいだでは予想どおり反応が分かれた。「エル・グレコ」の発見地であるギリシャやブルガリアは、人類進化の基本プロセスはすべてアフリカで進行したという定説と合わないからだ。

しかし、ある生物種の地理的伝播は、系統発生論上の特性ではないので、「エル・グレコ」が猿人であるかどうかという問題とは関係がない。起源や系統にとって意味を持つのは、形態学や遺伝子に暗号化されて残されているものだけだが、数百万年前の化石では、遺伝的に証明することはできない。グレコピテクスの足跡化石はまだないので、「エル・グレコ」が本当に現時点で知られている最古の猿人かどうかという問題は、化石の形態学によって答えを出すしかない。とはいえ、系統発生論上のポジションをもっと正確につかむためには、さらなる発掘物が必要だということもわ

かっている。

誤解釈に陥る危険

系統発生論上、グレコピテクスがどこに位置するかという議論に答えを出すさいに最も重要なのは、グレコピテクスはチンパンジーに近いか、それとも人間に近いか——つまり、まだサルなのか、それとも猿人なのかということだ。満足のいく答えを出すのは容易ではない。そこには三つの困難な問題がある。

一つめは、科学者が成因的相同と呼ぶものだ。進化プロセスで、ほかとは無関係に二度ないしそれ以上発生した特徴をさす。理解しやすいように、二つの例をあげよう。ゾウとバクはたがいにつながりは薄いのに、吻という特徴はどちらにもある。彼らの吻は、相互関係なしに発達したということだ。

また、ひれは水中生活に適応するうちにできたもので、魚、魚竜、クジラをはじめとする水中に生息する脊椎動物多数にあるが、これらの動物は共通の進化上の起源を持たない。

この二つの例では明らかだが、生態学の特性の多くは、発達の並行性を見分けるのが非常に難しい。とくに霊長類の系統発生論においては、誤解釈されやすい成因的相同は、経験からいってどこにでもある。

第二の難題は、二本の進化ラインが分岐し始めたときの類似性が高かったことによる。現在の人間とチンパンジーは、多数の特徴によって明白に区別できるが、七〇〇万年以上前に共通の祖先から二つの個体群に分岐したときには、二グループの代表に外見的な違いはなかった。その後、長期的な空間的分離、偶然に基づくゲノム変化、生活条件の大きな違いといった要素によってしだいに異なる特性が発達していった。違いをはっきり認識できるのは、それからだ。しかし、分岐から数百万年後も二つのラインの代表者の生体構造はよく似ており、交配も可能だったと思われる。現在のチンパンジーとヒトの大きな相違は、七〇〇万年以上の独立したチンパンジー進化と、七〇〇万年以上の独立した人類進化の結果だ。

第三の難題は、よく知られているように、不完全な〝化石報告書〟しかないこと。科学的に記録された化石と、その時間的・地質学的・地理的分類を、古生物学者は〝化石報告書〟と呼ぶ。哺乳類の化石のほとんどは、歯しか残っていない。類人猿では頭蓋骨、頬骨、椎骨のわずかな部分が発見されたが、脊柱がそろっているものはない。重要なパズルピースの欠如は、発掘調査をする研究者の運命のようなもの。さらに、皮下脂肪の化石のようなやわらかい部分についての情報がほとんどないこと。そのため、古生物学者は、部分的に隠されたジグソーパズルを組み立てる能力を必要とする。

こうしたことから、「エル・グレコ」に関しては次のような不明点がある。

1. グレコピテクスの持つ典型的なヒトの特徴は、ヒトの進化ラインから独立に生じたのかもしれない。可能性は低いが除外はできないので、〝猿人である可能性がある〟と記述した。
2. グレコピテクスが早期の猿人だとすると、チンパンジーの祖先との相違は小さい。また、チンパンジーの祖先の外見についてはまだ知られていない。

3. 現時点で記述のあるグレコピテクスの化石は下顎と上の大臼歯二個のみで、かなりおおよその像しか描けない。

「エル・グレコ」は二足歩行だったのか

ヒトの進化ラインの代表すべてに共通し、現在の知識レベルでは並行発生はしていないと考えられる重要な特徴に、直立歩行がある。二足歩行は、人類進化初期の本当の革新であり、ある化石が確実に猿人のものと認められるためには、二足歩行の証明が必須の前提条件でもある。非常に印象深いのは、化石化した足跡による証明だが、これはめったに得られない。それでも、数種の猿人のいくつかの化石から、足や脚の生体構造細部についての貴重な手がかりが得られる。なぜなら、二足歩行と並行して生じる変化は、歩行装置全般に作用をおよぼしたからだ。骨格、筋肉、腱、運動制御などがそこに含まれる。

数種のサルや大部分の類人猿は、短時間なら二足で立つ姿勢をとれる[80]が、恒常的に直立姿勢を保てるのは人間しかいない。われわれ人間は、長距離を移動するには二足で歩く以外の方法はない。サルは数メートルの距離を直立歩行するのに苦労する一方、人間にとっては四つん這いで進むのは大変だ。

直立歩行のための生体構造の基準のうち、最も重要なものをまとめてみよう。人類進化ラインに属する生物では、全体重が二本の脚にかかる。移動のさいに腕が身体を支えることはないので、脚

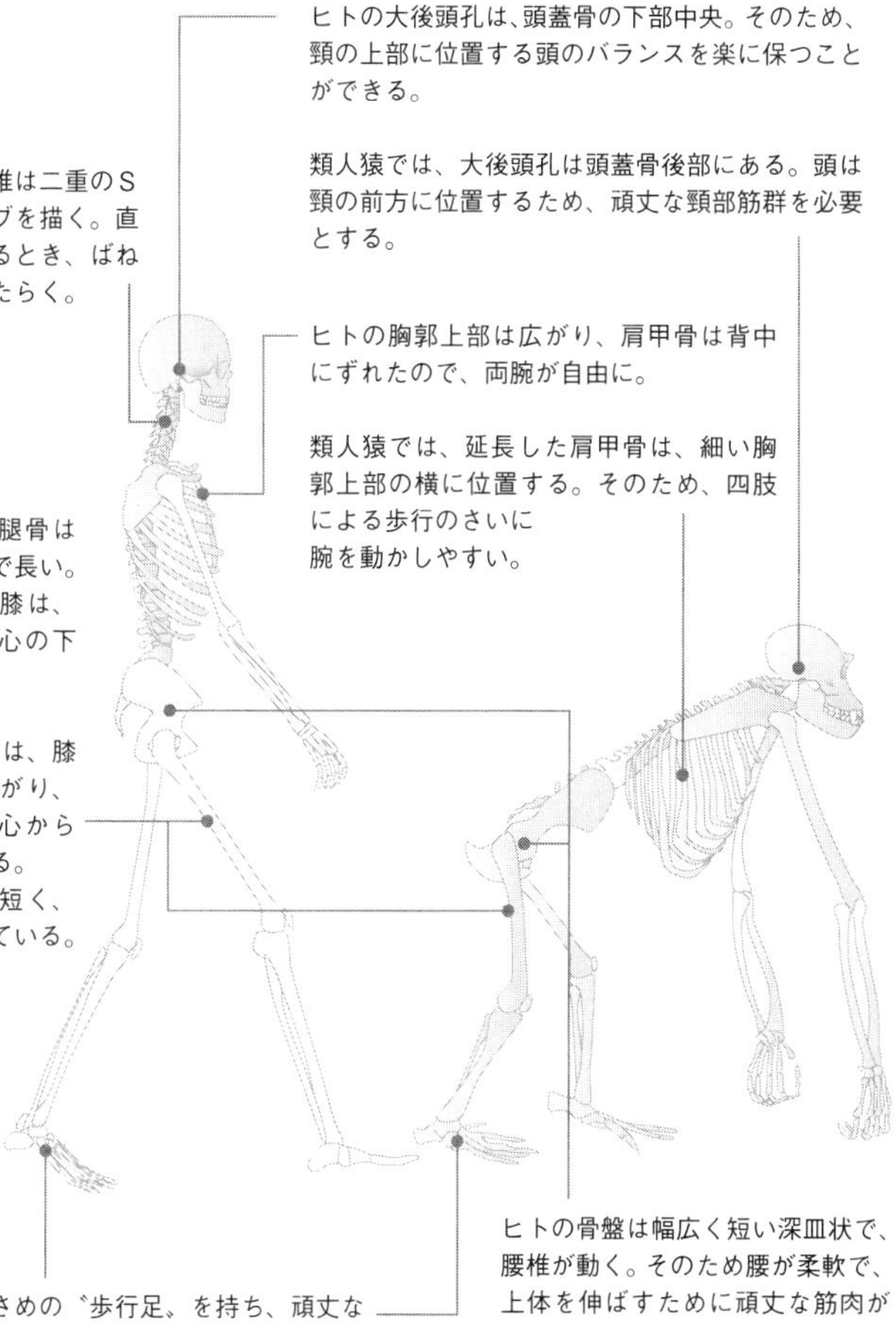
ヒトの大後頭孔は、頭蓋骨の下部中央。そのため、頸の上部に位置する頭のバランスを楽に保つことができる。

類人猿では、大後頭孔は頭蓋骨後部にある。頭は頸の前方に位置するため、頑丈な頸部筋群を必要とする。

ヒトの脊椎は二重のS状にカーブを描く。直立歩行するとき、ばねとしてはたらく。

ヒトの胸郭上部は広がり、肩甲骨は背中にずれたので、両腕が自由に。

類人猿では、延長した肩甲骨は、細い胸郭上部の横に位置する。そのため、四肢による歩行のさいに腕を動かしやすい。

ヒトの大腿骨はまっすぐで長い。伸ばした膝は、身体の重心の下部になる。

類人猿では、膝は常に曲がり、身体の重心からそれている。大腿骨は短く、カーブしている。

ヒトの骨盤は幅広く短い深皿状で、腰椎が動く。そのため腰が柔軟で、上体を伸ばすために頑丈な筋肉が発達。

類人猿の骨盤は長く、腰下部全体にわたっている。小さくまとまっているので、木登りのとき身体が安定する。

ヒトは小さめの〝歩行足〟を持ち、頑丈な母指球が発達している。

足親指は大きく、ほかの足指と並んでいる。

木登りをする類人猿は、手のつくりと似た、動かしやすい〝把握足〟を必要とする。

脇に伸ばせる短い足親指が特徴。

図12　直立歩行

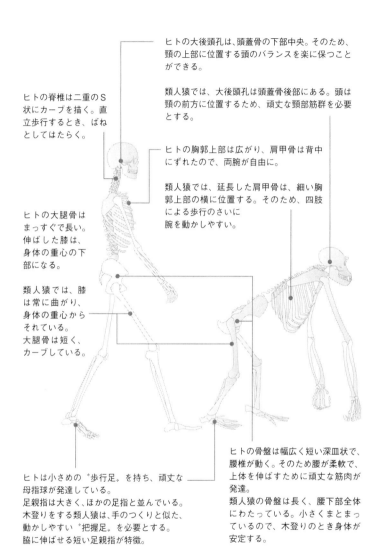

よりずっと短い。脚が長いのは、とくに脛骨が伸長した結果だ。頭は首の真上で平衡を保ち、もはや頸筋に支えられてはいない。そのため、頭蓋骨と頸椎のつながりを示す大後頭孔は、頭蓋骨後部ではなく、下部にある。四足歩行生物では腕が胸部を圧迫するが、二足歩行生物では圧迫されないので幅がある。肩甲骨は、脇から後ろにずれ、完全に背中にある。縦方向の衝撃を緩和するために、脊椎は二重のS字に湾曲し、骨盤は短く幅広い。左右の腸骨は鍵のかたちなので、仙骨と股関節の距離が縮まり、腰部全体に安定性を与える。二足で立ち、腰を伸ばして直立するために、臀筋群がかなり大きくなり、脚の筋肉も強化された。それと、脚が伸びて骨が重くなったことにより、身体の重点が地面のほうに移動する。さらに安定して立つために、生理学的X脚によって、膝は身体の

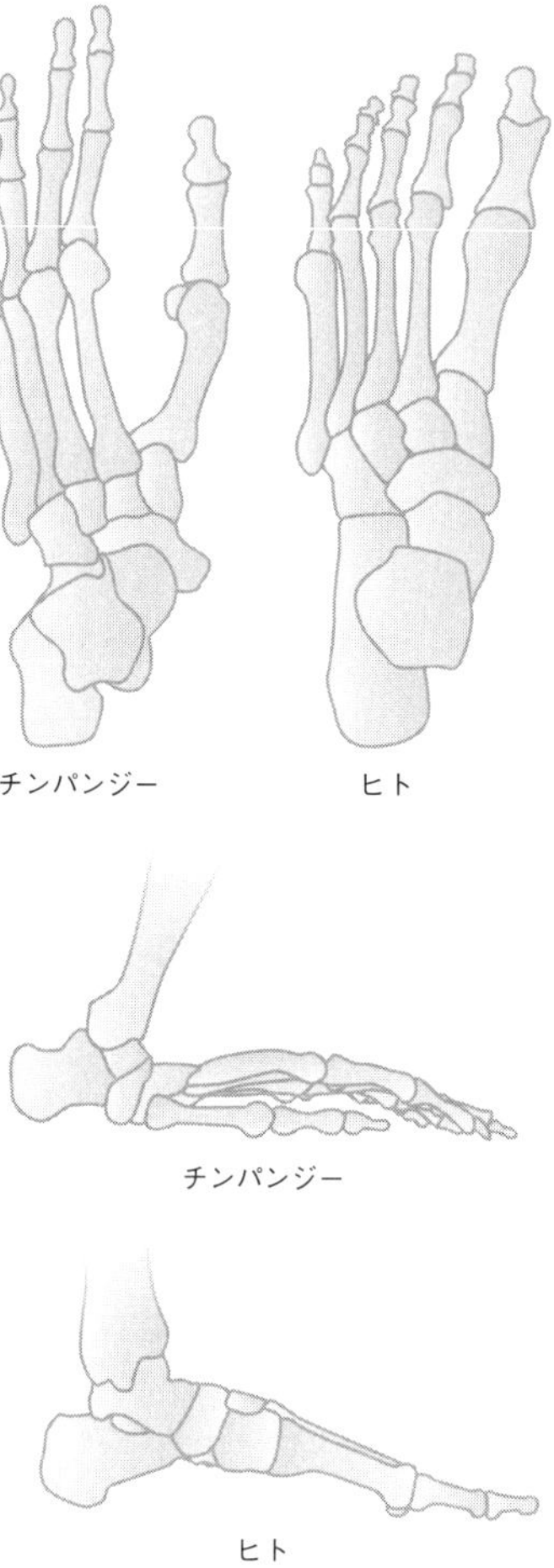

図13　チンパンジーとヒトの比較

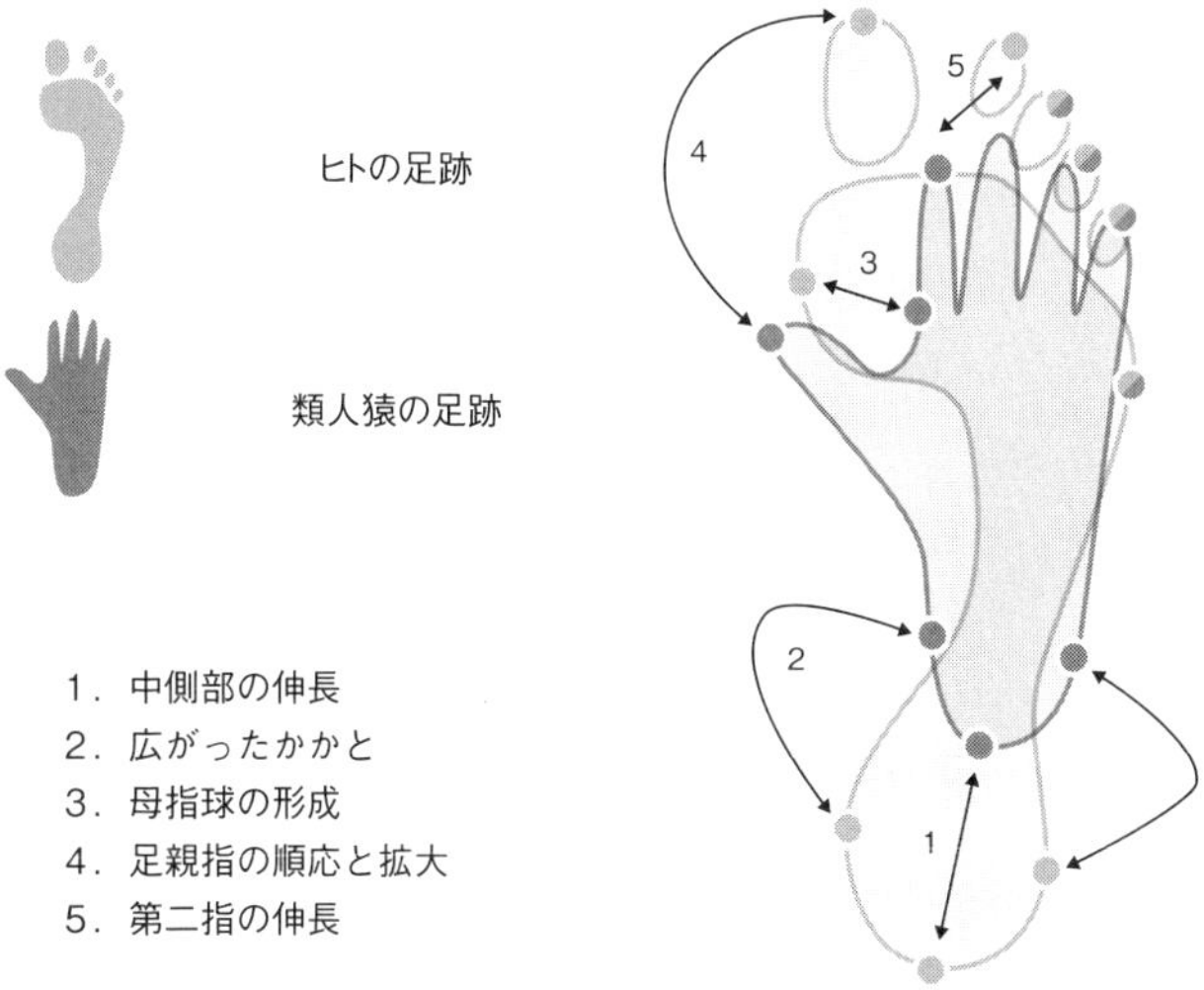

図14　足跡の変化　類人猿からヒトへ

重点の下に位置する。

足の生体構造についても、サルとヒトの進化上、重大な変化がある。ヒト属の足は把握器官ではなくなり、二足でしっかり立つためと、バランスよく俊敏かつ効果的に移動するのに役立つようになった。そのためヒトの足親指は、サルのと違って外に広がらずに前向きになり、非常に短いほかの足指と並行に伸びている。頑丈な足親指のつけ根に母指球が発達し、運動プロセスで非常に重要な新しい機能を果たす。足親指は、母指球とともに、歩行するとき最後に地面に触れる足指として、身体を前に進める駆動力を生み出す。

のちの発達段階になってから、ホモ・エレクトスのような原人では、地面との集中的な接触による負担を和らげるために、さらに足底弓が生じた。これが必要だったのは、猿人の生活様式と比較して、原人では持久的に走ることが重要になるからだ（第二〇章参照）。

直立歩行の特徴リストは長いが、二足歩行がどこで始まったのかを認識するには深刻な問題がいくつかある。「ルーシー」（アウストラロピテクス・アファレンシス）のように詳細に記録された骨でも、激しい論争を巻き起こした。[81] 激論の中心は、新技術である二足歩行が、猿人においてどの程度まで発達していたのか、それとも「ルーシー」はまだ樹上で生活するほうが多かったのか、というポイントだ。

人類の系統ラインの基礎をマークする多数の発掘物には、解剖学の決定的な部分が欠けている。ほかの種では、脛骨の断片（アウストラロピテクス・アナメンシス〈Australopithecus anamensis〉）、大腿骨の一部（オロリン・トゥゲネンシス〈Orrorin tugenensis〉）、足関節（アルディピテクス・カダバ〈Ardipithecus kadabba〉）などの特徴的部分が見つかったが、直立歩行では身体の多くの領域が複雑な相互作用をするため、こうしたわずかな証拠品だけでは判断できない。

すでに触れたように、直立歩行の最も確実な手がかりに、化石化した足跡がある。だが、それらは千載一遇の幸運ともいえるもので、発見可能な最も貴重な資料に含まれる。少し前まで、原人の足跡はたった一つしか発見されていなかった。タンザニアのラエトリで見つかった、三六〇万年前の二足歩行生物の足跡化石で、「ルーシー」が直立歩行だったかどうかという論争を収めるのに決定的な役割を果たした。やがて、一〇〇万年前に生存した二足歩行生物の、あらたな謎めいた足跡が、クレタ島で見つかった。

79. Fuss, J., et al.: *Potential hominin affinities of Graecopithecus from the Late Miocene of Europe.* In: PLoS ONE 12 (5), 2017.

80. チンパンジーは二足で水中を渡り、ギボンやフクロテナガザルは木々のあいだの短距離の地面を歩く（彼らの腕は、歩行に使うには長すぎる）。また、ゴリラのオスは相手に強い印象を与えるために二足で立ち、オランウータンは枝上で二足でバランスをとるほか、離れた枝に手を伸ばすために〝直立〟するサルも多い。

81. Stern, J. T.: *Climbing to the Top: A Personal Memoir of Australopithecus afarensis.* In: Evolutionary Anthropology, Vol. 9, 2000, p.113-133.

第11章　クレタ島の足跡化石――太古の二足歩行生物の謎めいた跡

　ポーランド人古生物学者ジェラルド・ギルリンスキは、二〇〇二年のバカンスをクレタ島北西海岸にあるトラチロスで過ごした。ある日、海からわずか数メートルの場所で、軽く傾斜して水に浸かったプレート状の岩が目に留まった。奇妙な細長いくぼみがついている。まばゆい光のなかではほとんど見分けられない。おそらく数多くの観光客がここに座って海を眺めたのに、石についたかたちには気づかなかったのではないだろうか。ギルリンスキは恐竜の足跡に精通していたので、化石化した足跡だと気がついた。絶滅したコモドオオトカゲではないとしても、好奇心をそそられた。そこで発見場所の座標を保存して写真を何枚か撮り、いつかここに戻って足跡をきちんと調査しようと心に決めた。

　二〇一〇年、ギルリンスキはついに同僚グジェゴシュ・ニエジヴィエツキとともにトラチロスの足跡化石について発表した。彼らは、直立歩行の霊長類のもの、ことによると初期のヒト属に由来する可能性もある、という説を展開した。そこで、発見物を詳しく調査するため、国際研究チームが結成された。

　研究チームのリーダーはスウェーデン人ペア・アールベルク。脊椎動物痕跡化石の著名な専門家だ。チームは現場でレーザースキャナーを使い、岩プレートを五〇〇分の一ミリまで精確に読み取り、足跡の三次元映像を作成した。わずか四平方メートルの表面に、五〇個のへこんだかたちが見つかり、そのうち二八個は確実に足跡と同定された。長さは一〇〜二二センチ、幅は三〜七センチ。とくに見込みのありそうな足跡については、シリコンゴムでレプリカを作製した。これにより、はるかに精確に調査できる。こうして足跡は保存されたばかりか、コンピュータを使って精密に三次元測定できる。これは幾何学的形態計測と呼ばれ、化石の分析にも使われる。

センセーショナルな発見であることが、すぐに判明した。前肢の跡は検証できなかったので、足跡の主は実際に二足歩行生物だったに違いあるまい。つまり、四足歩行生物がそこを通行して、つかのま後肢だけで立ったという可能性は除外される。さらに、いっそう精密に調査するうちに、人間の足跡との類似がしだいに明らかになった。ほとんどの足跡で、五本の足指がはっきり認識できる。親指は非常に力強く、幅広い末節骨を持つ。人間と同じく隣りの足指にぴったりとつき、やや長い。ほかの足指は短く、内側から外側に向かってだんだん小さくなっている。がっしりした母指球が、足親指とともに砂に強く押し当てられた跡もある。ということは、力のかかり方は足の外側から内側に移行し、歩行のさいには母指球を通して足親指で前方に押したということだ。すでに述べたように、足親指によって身体の重心が真ん中に留まるため、二足歩行の方法としては最も効率がいい。

どの足指にも鉤爪の跡はないので、サルを例外として、すべての蹠行性の哺乳動物（クマなど）の可能性を除外できる。しかし、サルもこのような足跡を残すことはない。というのも、類人猿や絶滅種を含むすべてのサルの足親指は、もっと後方で外向きに分れ、細くて短く、先が尖がっているからだ。また、母指球を持たず、ほかの足指はもっと長く伸び、中指が最も長い。トラチロスの足跡にいちばん近いのは人間の足跡であり、絶滅した二足直立歩行生物のものということになる。

だが、現代人の足跡とも解剖学的な違いがある。短くずんぐりしているのだ。とくに中足部が短く、かかとが比較的細いほか、足底弓がない。どちらかというとひらべったい足といえる。いずれにせよ、進化プロセスで完全に形成された足底弓が初めて現れるのは、二五〇万年前にアフリカで発達したヒト属初期の生物である[82]。

それでは、クレタ島の足跡は、進化史上どのように分類できるだろうか。ここで気になるのは、タンザニアのラエトリで発見された有名な足跡との比較だ。この足跡化石は、古生物学の女性第一人者メアリー・リーキーのもとで作業していた発掘チームによって、一九七八年に発見された。直立歩行の最古の証拠とみなされ、レプリカが多数の博物館に所蔵されている。三六六万年前に、湿った火山灰の上を猿人が歩いたときに生じたものだ。発見場所には、二七メートルの距離に複数の個体の足跡が七〇個残されていた。現在の大部分の研究者は、猿人アウストラロピテクス・アファレンシスのものとしている。有名な「ルーシー」もこれに属する。

トラチロスの足跡は、多くの点でタンザニアの足跡に似ている。横広がりの末節骨を持つ頑丈な足親指がほかの足指に隣接していること、足指が外側に向かって短くなっていること、深い母指球の跡があること。これらの特徴はすべて、足跡の主が二足歩行だったことを示唆している。

干上がった海底の跡

それでは、未知の主がクレタ島の砂に足跡をつけたのはいつだったのだろうか。足跡の年代決定には、跡のある砂岩がいつのものであるかを知る必要がある。この点、発見場所は幸運に恵まれていた。数千年が経過するうちに、地中海の寄せ波によって足跡化石の上部の岩層がすべて取り除かれたのだ。わずか数メートル先では、今でも岩が寄せ波に抵抗し、砂岩層より高くそびえている部分がある。この岩は、変動的な地球史が記録されたいわば地質学のアーカイブで、謎の海岸散歩者がここを歩いた時期が記録されている。ペア・アールベルクとチームの仲間は、足跡のある砂岩の上部に、角ばった石や岩屑など、明らかに粗い構成物が寄せ集まった堆積層を発見した。層の境界は明白で、素人でも気がついただろう。

こうした岩ができるのは、流水や地滑りによって地面が移動し、物質が流されて別の場所に堆積することによる。地質学者はこれを角礫岩と呼ぶ。これが生じたとき、足跡発見地は海岸ではなく、海からやや離れた位置にあったはずだ。

だが、それだけではない。独特な角礫岩を現在の内陸に向かって追跡していくと、層の上部がはっきりと別の層に移行していた。細かく均質な岩石からなるこの層は、深い海底で堆積してできたものだ。驚くべき堆積層の入れ替わりから引き出せる説明は一つしかない。海岸散歩者が生存したのは、海水位が劇的に変化する直前だったということ。地中海地域におけるこの段階は、〝メッシニアン塩分危機〟と呼ばれ、科学者にはよく知られている。当時、地中海の水は干からびてほとんどなくなり、その後再び大西洋から流入した。つまり、発見地の角礫岩は、五六〇〜五三〇万年前に地中海が大きく後退したときに形成されたことになる。その後、巨大なバスタブさながらに水が注ぎ込み、干上がる前よりいっぱいになって、発見地は水中に沈んだ。そのようにして、海底堆積物は五三〇万年前に積もった。

ペア・アールベルク率いる研究チームにとって、トラチロスの足跡化石が五六〇万年以上前のものであることは、これで確実となった。しかし、それよりさらに前にできた可能性を示唆するものもある。よく見ると、化石が収まっている薄い砂岩層の下に、細かい石灰石の層があり、化石化した微小なプランクトン生物の骨でできている。[83] つまり、謎の二足歩行生物の前後数百年間に、海水位はまたいくらか上がったということだ。足跡のある岩は、このころ浅いラグーンの水に浸かったのだろう。

プランクトン生物は、メッシニアン塩分危機の初期（五九七万年前）に地中海全域から姿を消した。その理由は塩分濃度が高まったことで、プランクトンにとっても生活条件が悪化して徐々に死滅した。そこから測定すると、トラチロスの足跡は六〇〇万年前のものということになる。

当時のクレタ島はペロポネソス半島とつながっており、長い弓形の半島で、温暖な浅い海盆であるクレタ海を囲んでいた。アテネと「エル・グレコ」発掘地のあるクレタ海北岸まで、トラチロスから直線距離で二七五キロメートル。そのことを考慮すれば、グレコピテクスが未知の海岸散歩者の祖先だったかもしれないという考えは、あながち的外れとはいえまい。科学者の意見によると、足跡のある砂岩は海に流入する河川に沈殿していた可能性もあるという。二足歩行生物は、そこを通って海岸に向かったのかもしれない。なんといっても海岸や汽水ゾーンは食物が豊富にある。か

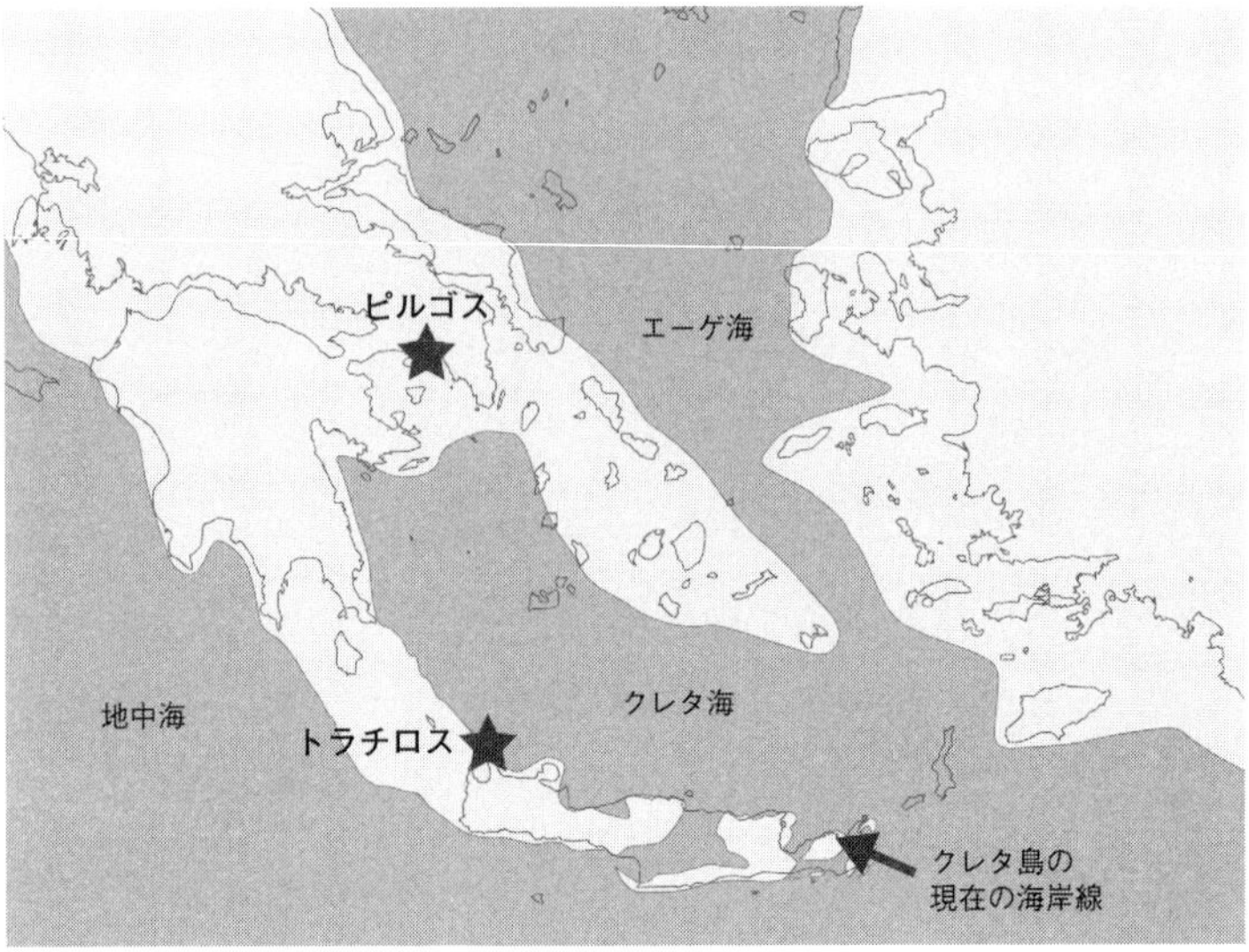

図15　今から700〜600万年前のクレタ海

がみさえすれば、栄養価の高い二枚貝、巻き貝、海藻などを採取できただろう。

トラチロスの足跡化石に関する研究結果は、グレコピテクス・フレイベルギについての学術発表のわずか二カ月後の二〇一七年七月に公表された。われわれの研究グループにとって、それはセンセーショナルなことだった。人類進化の初期はすべてアフリカで進行したというそれまでの定説を揺るがすものだったからだ。トラチロスの発見物は、直立歩行の直接の証明として断トツで最古のものといえる。ラエトリの足跡より二三〇万年以上前だが、足の生体構造は比較的進化している。そして、アフリカではなく、ヨーロッパのヒト科の動物のものなのだ！

ギリシャの足跡の主には、ラエトリの足跡数個にはっきり見分けられる足底弓がない。だが、「ルーシー」も、ラエトリの地面に足跡を残した同種の生物と違って偏平足だった。[84] 偏平足といえば現代人でもさまざまなかたちがあるが、アウストラロピテクス・アファレンシスのころもおそらくそうだったのだろう。トラチロスの足跡におけるほかのすべての特徴は〝歩行足〟であることを示しているので、明らかにヒト科の動物といえる。つまりクレタの化石は、人間の〝歩行足〟が最初に発達したのは三七〇〇万年前のアウストラロピテクス・アファレンシスにおいてだったという説と矛盾する。直立歩行は、特徴的な〝歩行足〟と並行して、おそらく六〇〇〇万年以上前に進化していたのではないだろうか。

分子時計はどのくらい精確に計測できるか

分子遺伝学における最新の査定も、この説を裏づけている。数年前、ヒトとチンパンジーの発達史上の分岐を〝分子時計〟という方法で計測した科学者が、約七〇〇万年前という数値を出した。突然変異、つまり生物のゲノムの自然発生的変化は、長期的にみるとある程度同じ割合で起きると考えられている。これに基づいて計測するのが分子時計のアイデアだ。突然変異は進化の駆動力であり、有機体を変化させる。変化がそのまま残るのは、そこにメリットがある場合で、少しずつ新しい種が生まれる。

異なる種の進化ラインがどこで分岐したかを突き止めるためには、ゲノムの相違を時間のなかで計算しなければならない。分岐してからの期間が長ければ、そのぶん相違は大きい。最初のうちこのシステムで確認・計測できるのは、すでに年代のわかっている化石だけだった。たとえば、一三〇〇万年前のオランウータンの化石には、オランウータン進化の初期にあることを示す解剖学的特徴がある。ヒトとオランウータンの遺伝子の相違は三パーセントなので、それはこの期間にゲノムに〝集積した〟ことになる、というのが分子時計のパイオニアの考え方だ。そこから類推すると、ヒトとチンパンジーの遺伝子の相違は一・三パーセントなので、分岐はもっと遅かったと考えられる。オランウータンとチンパンジーの進化ラインがゴリラのそれから分岐したのは、計測によると一〇〇〇万年前となる。

このシステムはわりと大ざっぱだが、既知の化石と矛盾しないということで最初の位置づけには役に立つ。

しかし、古遺伝子学ができると、この研究分野に変化が生じた。化石から絶滅した種のゲノムを抽出し、分析することがふいに可能になったのだ。この方法を使えば、同種生物の突然変異率も計測できる。現生種のゲノム変異数とその祖先におけるゲノム変異数を測定すればいい。古遺伝学では過去数百万年をさかのぼることはできないが、それでも数十万年間における多数の突然変異を収集した。

ずっと精確になったこの方法をもとに、突然変異は恒常的に生じるのではなく、相当に揺れがあるかもしれないという認識が徐々に浸透していった。もっと重要なのは、変異は多数の生物学的要素に左右されるため、種によって異なるという事実だ。例をあげると、両親の年齢、精子形成、新陳代謝率、身体の大きさ、人口密度といったことも関係する。

そこでさらに突っ込み、両親から子どもへの直接の遺伝子変化から突然変異率を調べる新しいアプローチが行われている。このプロセスには化石はいらない。研究結果から、ヒトのゲノムはそれまで考えられていたよりゆっくりと変異するらしいとわかった。こうして分子時計と古遺伝学を組み合わせた研究が行われ、最終的にヒトとチンパンジーの進化ラインが分岐したのは、当初の推定である七〇〇万年よりはるかに前の一三〇〇万年前だったという結論に達した。[85][86]

このテーマについては今後たくさんの研究報告が作成されるだろうが、潮流は見てとれる。人類初期の進化プロセスをもっと理解したければ、はるかな昔までさかのぼる必要があるのだ。六〇〇万年前に二足歩行生物がクレタの海岸を歩いた状況を説明するのにも、この研究結果は役立つだろう。歴史の皮肉とでもいうべきだろうか、ペア・アールベルク率いる研究チームは、革新的な研究結果を発表しようと六年半にわたって試みたが、多数の学術誌は匿名の鑑定人の意見を入れて却下した。なかには疑わしい反対論もあった。私の研究チームがグレコピテクスに関するレポートを発表したのち、二〇一七年夏にとうとうタブーは破られた。

82. アフリカで発見された猿人のなかにも、足底弓ができかけているケースはある。アウストラロピテクス・アファレンシスでは、足底弓の形成にばらつきがあったらしい。

83. 石灰質の殻を持つ、〇・五ミリ以下のプランクトン性単細胞有孔虫。堆積物の年代や海洋学のデータが得られるので、有孔虫は地球科学者にとって最も重要な化石。

84. DeSilva, J. M.; Throckmorton, Z. J.: *Lucy's Flat Feet: The Relationship between the Ankle and Rearfoot Arching in Early Hominins*. In: PLoS ONE, 5 (12), 2010.

85. Langergraber, Kevin E., et al.: *Generation times in wild chimpanzees and gorillas suggest earlier divergence times in great ape and human evolution*. In: PNAS September 25, 2012.

86. Fu, Qiaomei, et al.: *Genome sequence of a 45,000-year-old modern human from western Siberia.* In: Nature, Vol. 514, 2014, p.445.

第12章　砂のなかの頭蓋骨と〝秘密〟の大腿骨——疑わしいサヘラントロプスのケース

人類の起源を探求すれば、人里離れた地域にたどり着くこともある。チャド北部のジュラブ砂漠は、この点で見込みの高い地域といえる。地表の近くに、ヒトとチンパンジーの進化ラインが分岐したと考えられている時代に由来する、化石を多く含む石があるからだ。そのため、フランス人古生物学者ミシェル・ブリュネは、この地域を三〇年以上かけて調査した。

サハラ砂漠中部、ティベスティ山地南側に位置する、非常に乾燥して荒涼とした砂漠風景。気温は五〇度を超えることも珍しくない。乾燥した熱風がほとんどひっきりなしに不毛の砂地の上を吹き、砂を運んであちこちに砂丘を形成する。舞う砂埃の量は世界一で、年間七億トンの鉱物粉末が吹き上げられる。[87] 世界中に吹き飛ばされる埃の量は、ギザの大ピラミッド一〇九個分に相当する。生存のきびしい辺鄙なこの地域に非常に詳しいのは、フランス人地質学者アラン・ボーヴィランだ。ボーヴィランは一九九四年一月から二〇〇二年七月まで、ミシェル・ブリュネを会長とするフランス・チャド古生物学派遣グループの現場コーディネートにあたった。

二〇〇一年七月、アラン・ボーヴィランはチャド人科学者三名からなる調査隊とともに再びジュラブ砂漠にやってきた。短期の定期調査で、ミシェル・ブリュネ会長は同行していなかった。調査地域は化石が豊富なことで知られるトロス＝メナラ。ここではすでに何度も化石探しが行われた。

というのも、古い堆積物があると考えられる領域は定期的に調査する、という方針があるからだ。骨の折れる作業の一部を、風の力が代わりにしてくれることを願う。なんといっても、毎日一方向から風が起こり、植物のない風景の砂をたえず運んで積み替えているのだ。ときどき激しい嵐や突風が吹きつけ、広大な砂砂漠に砂丘を形成してはまた吹き飛ばす。砂嵐が吹き荒れるあいだ、無数の微小な砂粒が地面をこすり、ショットブラストを使ったみたいに砂が取り除かれて、埋もれていたものが出てくることもある。細かい粒子が吹き飛ばされて、小石や岩屑、化石といった大きめで重みのある物体がふるいにかけたように残される。このようにして砂の吹き飛ばされた場所は、砂漠のあちこちの谷にある。

多数の探検隊が長年にわたって調査した結果、かつてここに存在した豊饒な生態系の跡が見つかった。非常にたくさんの化石から、科学者はサバンナ状の風景だったのではないかと推測している。河川や湖に沿って河畔林が伸び、水量豊な深い水域があったことが、大きな魚の化石から判断される。現在の荒れ地に、かつては両生類、ワニ、カメ、齧歯類、サイ、イノシシ、キリン、メソヒップス、ハイエナが豊かに生息していた。

これらの発見物には高い価値があるとはいえ、フランスとチャドの科学者の本来の目標である猿人の化石は、もう長いこと見つかっていない。最後に幸運に恵まれたのは一九九五年で、三五〇万年前に生存したアウストラロピテクスの下顎が出土した[88]。しかし、それ以降は注目に値する発掘物はなく、派遣グループ・メンバーの持久力は著しく消耗した。忍耐力との戦いが終わったのは、二〇〇一年七月一九日の朝だった[89]。

〝生命への希望〟

砂嵐が迫っていたため、科学者四名はピックアップトラックオフロード二台をそばの砂丘の最上部に止めた。これなら、砂埃で車が見えなくなっても戻ることができる。二人組で二手に分れ、砂丘の下の窪地で化石を探す。しばらくすると、チャド人学生の一人アウンタ・ジムドゥマルバイが、一平方メートル弱の地面の砂の上に、見慣れない黒っぽい物体がいくつもあるのを発見した。とくに注意を惹いたのはハンドボール大のまるいかたちのもので、長く考えるまでもなく頭蓋骨だとわかった。

珍しいほど完全な頭蓋骨で、下顎だけが欠け、その上部は黒い殻のようなものにおおわれている。顔は、重い物体に押しつぶされたようにひしゃげていたが、明らかにサルのものだとわかった。待望の大発見だろうか。学生の鼓動が速まる。二年前にジュラブ砂漠の探検隊に初めて参加したとき、ブリュネ会長がフランス語で冗談半分に言ったことを思い出す。

「ここで誰かが霊長類を発見するとすれば、きっと君だろうな」

ちょっと遅れてやってきたビギナーズラックだろうか。少しすると、じっとしていられなくなり、「探していたもの、見つかったぞ！」と、そばで作業中の学生ファノン・ゴンディブに大声で呼びかけた。「やった！」[90]

興奮してほかの二人の科学者に合図し、サルか、もしかすると猿人を発見したからカメラを持ってきてくれ、とボーヴィランに向かって叫ぶ。とっさにジョークではないかと思った探検隊リーダーも、重大な発見物であることを一目で見て取った。写真と動画を撮り、発見した位置をつかむために精確なGPSデータを確定する。正午までに周囲の砂上に約一〇〇個の骨が見つかった。大部分はさまざまな哺乳動物のもので、のちに頭蓋骨の年代測定に役立った。

一年後、センセーショナルなニュースは野火のように世界中に広まった。ミシェル・ブリュネ会長とチームのメンバーは、その前にチャド当局の同意を得てヴィエンヌ県ポワティエの大学で化石を削剥して綿密に調査し、さらにチューリヒ大学の最新設備を使って透視し、その結果を二〇〇二年七月一一日に発表した。[91] 内容を要約すると、人類最古の祖先はアフリカ北部に七〇〇～六〇〇万年前に生息した。そのため〝チンパンジーからの分岐〟に近い、というものだ。科学者はサヘラントロプス・チャデンシス〈Sahelanthropus tchadensis〉と名づけた。〝チャドのサハラ人〟という意味だ。「トゥーマイ」という愛称は、当地のダザガ語で〝生命への希望〟を意味する。

チャド出土の頭蓋骨は小さな犬歯一個を持ち、どちらかというとひらたい顔、眼窩上部が著しく隆起し、中くらいの硬さのエナメル質を持つ。すべて、ヒトに近い生物と判断できる特徴だ。

だが、いくらもしないうちに最初の批判の声があがった。最初の記述から数カ月後、ミルフォード・ウォルポフをリーダーとするアメリカ・フランス協働研究グループが『ネイチャー』誌に率直な手紙を送った。当時、最古の猿人候補とされていたオロリン・トゥゲネンシス〈Orrorin tugenensis〉の発見者であるブリジット・セヌートおよびマーティン・ピックフォードを加えた三名の科学者は、サヘラントロプスの頭蓋骨の特徴の信頼性には疑問があると表明した。ヒトに似た生物を思わせる特性は独立に発達したもので、共通の血統を示す特徴ではない。小さい犬歯からメスの個体であると考えられ、頑丈な骨格と、とりわけ後頭部は、むしろゴリラに似ている。こうした理由から三名の科学者は、「トゥーマイ」はメスのゴリラの前身であると結論し、ブリュネの研究チームは即座にそれに対する意見を述べた。雑誌には以下のやりとりが掲載された。[92] ウォルポフの反論――サヘラントロプスの持つ特徴は原始的なので、類人猿である。ブリュネの応答――「トゥーマイ」は最古の猿人なので、原始的な特徴を持つのは予想にたがわない。彼らの意見は完全に食い違った。

三年後、コンピュータ断層撮影をもとに「トゥーマイ」頭蓋骨が復元された。[93] 珍しくダメージの少ない化石とはいえ、[94] 部分的に損傷し変形しているため、古生物学の第一人者ですら判断は難しい

図16　サヘラントロプス・チャデンシスの頭蓋骨が発見された場所で出土した多数の骨(2001年7月19日)。
矢印が指し示すのは、現在もなお行方不明の大腿骨。

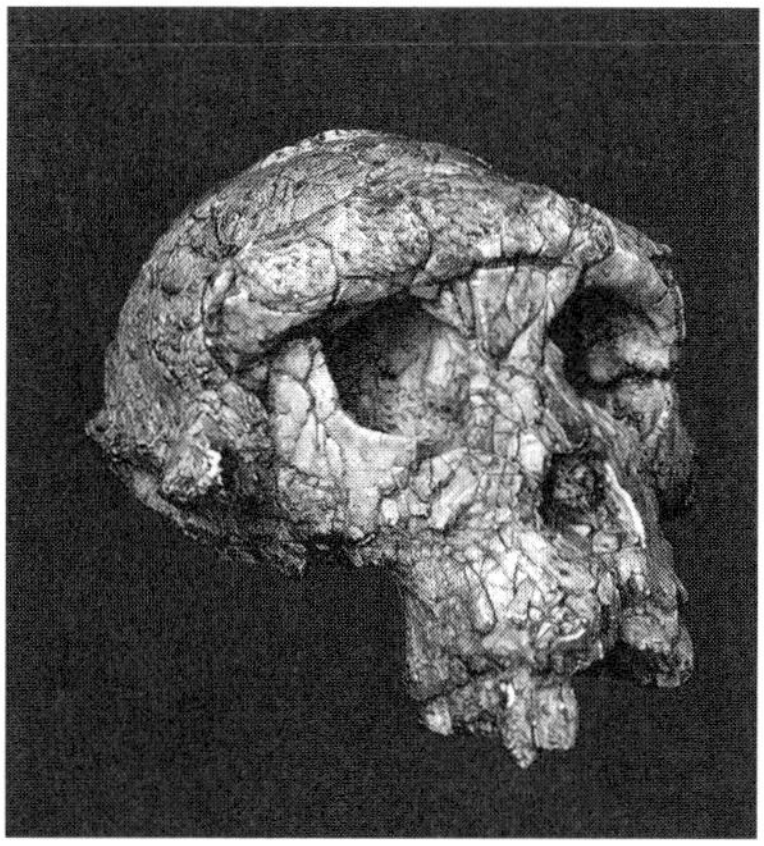

図17　サヘラントロプス・チャデンシスの調整された頭蓋骨

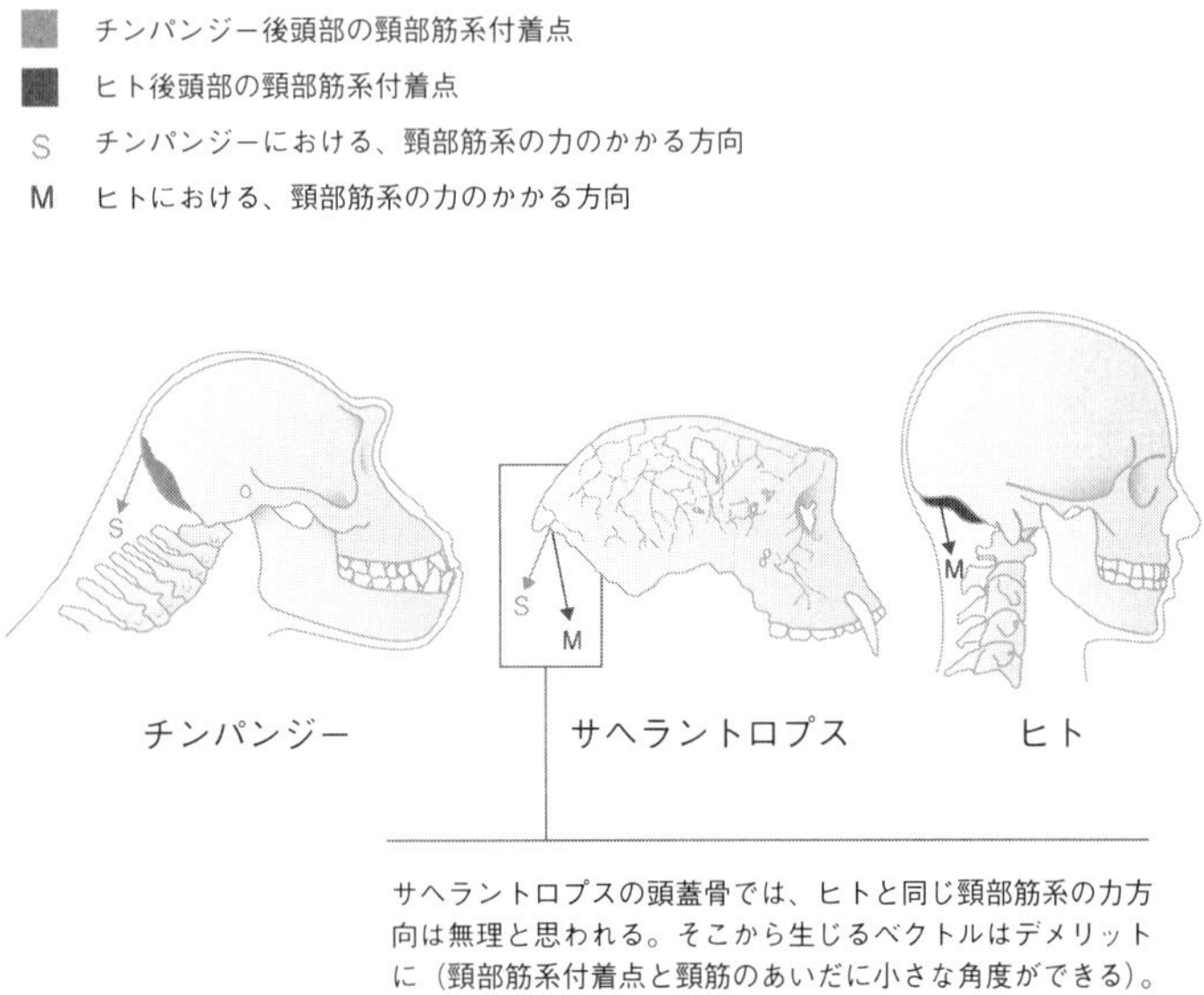

図18　類人猿、サヘラントロプス、ヒトの頭蓋骨の比較

からだ。しかし、変形した部分はCT技術によってヴァーチャルに修正された。これを基礎として、ブリュネの研究チームは、サヘラントロプスはゴリラの前身ではなく、大後頭孔が頭蓋骨下部にあることから移動方法は二足歩行だった、ときっぱり結論した。大後頭孔から脊髄が出て脊椎につながる。孔が頭蓋下部にあれば、頭は脊椎の上にバランスしていることになるので、二足歩行を示唆するが、孔が頭蓋後部にあれば、四足歩行のしるしだ。もとの化石では、大後頭孔のあたりがかなり損傷していた。

この調査結果に対して、ウォルポフの研究チームはやはり異論を唱えた。[95] 論拠としてあげた特徴は十分とはいえないし、とくに後頭部と頸筋を支える骨の端部が二足歩行生物に適さない、というのがその説明だ。われわれの「エル・グレコ」チームも、サヘラントロプス・チャデンシスを、それより古いグレコピテクス・フレイベルギと比較した（三七ページの図参照）。その結果、「トゥーマイ」の下顎の歯根は「エル・グレコ」のそれより明らかに未発達だとわかった。「トゥーマイ」の犬歯の歯根は長く、第二小臼歯は完全に枝分かれし、「エル・グレコ」と違って融合していない。つまり、歯根の観点から評価すると、サヘラントロプスは猿人とはいえない。

根拠のある反論がこれだけあってもなお、多くの古人類学者は、サヘラントロプスは二足歩行だった可能性があり、そのため猿人だったと考えた。この問題を完全に解決するには、ほかの事実が必要になる。頭蓋骨ばかりでなく下の部分、たとえば脊椎とか足の骨の断片とかを調査できれば、科学的に重要な意味を持つ。ところが、ブリュネの研究チームによる複数の発表で取り上げているのは、頭蓋骨、下顎の断片、単独の数個の歯ばかりだった。最初の発表から数年が経つと、サヘラントロプスのほかの骨もあるのではないかと推測する科学者が増加した。

消えた大腿骨

二〇一〇年の初夏、私はミシェル・ブリュネに対立するマーティン・ピックフォードとともにポワティエ大学の同僚ロベルト・マキャレッリを訪問した。彼のラボは、ブリュネの研究室と同じセクションにある。ロベルトは、なんとなく偶然という感じで、コンピュータに保存された黒い骨の画像を見せてくれた。

「これは『トゥーマイ』の大腿骨だよ」ロベルトはきっぱりと言った。

二〇〇一年に頭蓋骨のすぐ横で見つかったものだという（一二七頁の図参照）。だが、当時もその後の調査でも、サヘラントロプスの一部とは認識されなかった。骨の両端が、おそらくハイエナに食いちぎられてかなり損傷していたからだろう。

サヘラントロプス以外のどの動物にも当てはまらない骨幹であることに初めて気がついたのは、女子学生のオード・ベルジェレが博士論文執筆のために二〇〇四年に注目の発見物を総合評価したときだった。このときミシェル・ブリュネは調査旅行中で連絡がつかなかったので、ベルジェレはとりあえず当時地球科学部長だったロベルト・マキャレッツリに相談した。続く数日間、マキャレッツリとベルジェレは大腿骨を調べたすえ、類人猿のものだが、二足歩行生物のものではない可能性が高い、という仮の結論を出した。これが発表された直後、大腿骨はあとかたもなく消滅し、女子学生は大学における地位を失った[96]。

私はポワティエでマキャレッツリとピックフォードに会い、「トゥーマイ」のものと思われる骨の写真を念入りに調べ、チンパンジーやオロリンの大腿骨と比較した。推定六〇〇万年前、猿人の可能性があるとされるオロリンは、二〇〇〇年にケニアで発見されたことから、「ミレニアム・マン」とも呼ばれる。オロリンは大部分の科学者から猿人とみてほぼ間違いないと考えられているが[97]、オロリンと違い、トロス＝メナラ出土の大腿骨は長軸でたわんでいる。これは二足歩行の猿人にはそぐわない。

とはいえ、画像では詳細な調査の代わりにはならない。謎の長骨は、それまで調査には使用できなかった。ブリュネによると、研究はまだ終わっていないという。

「発表する前には発言できない」と、言われた[98]。

発見してから二〇年近くも骨一個の調査を続けてまだ終わらないとはどういうことか、いわずもがなではないか。いずれにせよ、これほど重要な科学的発見物を隠しておくべきではない。

ロベルト・マキャレッリとオード・ベルジェレは、発表が待てない思いだった。最初の調査から一四年後の二〇一八年初頭、パリ人類学協会の年次大会において「トゥーマイ」大腿骨についての見識を紹介し、それについて議論することに決めた。ところが、講演は会長に却下された。科学者たちの興味がこれだけ高まっているテーマに対して、異例の反応といえるだろう。レジオンドヌール勲章および国家功労勲章受章者で、フランス学会の偶像的存在であるミシェル・ブリュネを疑問視することになるからなのか。サヘラントロプスは直立歩行だから猿人に属するという報告に、疑問を投げかけることすら許されないのか。なんといってもポワティエ大学には〝ミシェル・ブリュネ通り〟というストリートがあり、駅前の駐車場は〝トゥーマイ駅駐車場〟と名づけられているのだから。

理由がどうあろうと、これではデータや報告内容を批判的に再調査するのに必要なプロセスが進められない。サヘラントロプスの大腿骨は、科学界における大きなダメージといえるだろう。さらに、マキャレッリが苦情を公表したように、「有力者グループおよび地元ネットワークによる悪質な陰謀[100]」のために、名声あるフランス古人類学の信用は失墜した[99]。

サヘラントロプスのケースには、不審な点がまだある。出所と年代は、きちんと証明されたとはとてもいえないのだ。探検隊リーダーのアラン・ボーヴィランが報告のなかで説明しているように[101]、

「トゥーマイ」の残存物はもともとあった堆積物のなかから発掘されたのではない。骨が見つかったのは、成立年代を特定できる地層ではなかった……専門家は〝その場〈in situ〉〟ではない、と表現する。ところが、ブリュネ研究チームの発表はどれも、〝その場〟だったと表明している。しかし、頭蓋骨および大腿骨は、多数のほかの動物の骨とともに砂丘砂の上にあったが、砂はおそらく強風によって発見の数日前に吹き寄せられたものだろう。砂丘の移動度は高く、ジュラブ砂漠では年間二〇〇メートルまで移動することもある。なかに含まれる物体も、ある場所から別の場所へとたえず運ばれる。アラン・ボーヴィランによると、この事情のせいで地域の地雷探索隊も苦労するという。

砂漠で研究を行う古生物学者や考古学者の作業は、このため大きな困難を伴う。一方では、砂丘の上または内部で見つかった物体は年代的分類ができないので、意味のある発見にはならないし、もう一方では、硬い物体は重量のためにすぐに砂丘の基底に沈んでしまう。フランス・チャド古生物学派遣グループの作戦もそれに順応し、主として谷になった部分で化石を探す。

ボーヴィランの言明によると、「トゥーマイ」の頭蓋骨と大腿骨は、年代測定可能な岩石とのつながりを持たない。数個の骨が正確にメッカの方向を向いていることから、人骨の残存物と考えた遊牧民がイスラム教の儀式で埋葬した可能性もある、と、彼はみなしている。[102] つまり、地域内のわりと離れた場所に由来する可能性もあるということだ。それなのに、ブリュネと研究チームのメンバーは、複数の学術レポートできわめて精確な年代を提示し、二〇〇二年に出した最初の推定を裏づけてきた。ところが、彼らの指摘する岩石の分析データは、レポートによって相違があるのだ。

関連づけているのはいつもまったく同じ〝発掘場所〟なのに。
注目すべきトロス＝メナラの古人類学研究結果に、このような曖昧さまたはごまかし操作が影を落としたのは残念なことだ。最古の猿人はアフリカに由来するという理論を、どんなことをしてでも守ろうとするアプローチなのだろうか。

いずれにせよ、グレコピテクスがサヘラントロプス以前のものであることは議論の余地がない。「エル・グレコ」の下顎が埋まっていたピルゴスにおけるサハラの砂塵は、現在トロス＝メナラの地下に埋まる砂漠堆積物に由来するからだ。[103] 砂塵は、七〇〇万年以上前に強風によって地中海の北側まで運ばれた。

87. Giles, J.: *The dustiest place on Earth.* In: Nature, Vol.434, 13 April 2005, p.816-819. Bristow, et al.: Deflation in the dustiest place on Earth: The Bodélé Depression, Chad. In: Geomorphology Vol. 105, 2009, p.50-58.
88. 三五〇万年前の猿人の下顎と歯が、フランス・チャド古生物学派遣グループによって一九九五年にコロ・トロ（チャド）で発掘された。同グループの科学者は、アウストラロピテクス・バーレルガザリ〈Australopithecus bahrelghazali〉という学名をつけ、「アベル」という別称で呼んだが、ほかの科学者の多くはアウストラロピテクス・アファレンシスの亜種と考えている。
89. アラン・ボーヴィランは、「トゥーマイ」発見の部分的側面を多数の論文で発表した。（参考）Beauvilain, A., Le Guellec, Y.: *Further details concerning fossils attributed to Sahelanthropus tchadensis(Toumaï).* In: South African Journal of Science, Vol. 100, 2004, p. 142-144.
90. Gibbons, Ann: The First Human. New York 2006.
91. Brunet, Michel, et al.: *A new hominid from the Upper Miocene of Chad, Central Africa.* In: Nature, Vol. 418, 2002, p.145-151.

92. Wolpoff, Milford, H., et al.: *Sahelanthropus or »Sahelpithecus«?* In: Nature, Vol. 419, 2002, p.581-582.

93. Zollikofer, Christoph P. E., et al.: *Virtual cranial reconstruction of Sahelanthropus tchadensis.* In: Nature, Vol. 434, 2005, p.755-759.

94. 類人猿またはヒトの完全な頭蓋冠の化石が提示されることは例外中の例外。ハイエナなどの肉食動物によって、栄養価の高い脳に行き着くために頭蓋冠を噛み砕かれることが多く、せいぜい前部しか残らない。ネアンデルタール人やホモ・サピエンスが埋葬の儀式を行うようになってから、頭蓋骨の保存条件は改善された。埋葬により、屍肉食動物の攻撃から守られる。

95. Wolpoff, Milford, H., et al.: *An Ape or the Ape: Is the Toumaï Cranium TM 266 a Hominid?* In: PaleoAnthropology, 2006, p.36-5.

96. マーティン・ピックフォードおよびロベルト・マキャレッリによる個人的言明（二〇一〇年六月）

97. Richmond, B.; Jungers, W.: *Orrorin tugenensis Femoral Morphology and the Evolution of Hominin Bipedalism.* In: Science, Vol. 319, 2008, p.1662-1665.

98. Callaway, Ewen: Femur findings remain a secret. In: Nature, Vol. 553, 2018, p.391-392.

99. Macchiarelli, Roberto: *Premiers hominines, premiers humains: des problèmes, plusieurs questions, des prospectives.* CNRS meeting ›Prospectives du CNRS-INEE 2017‹.

100. ロベルト・マキャレッリが科学委員会に宛て書いた、二〇一七年一〇月三〇日付の手紙による。

101. Beauvilain, A.: *The contexts of discovery of Australopithecus bahrelghazali (Abel) and of Sahelanthropus tchadensis (Toumaï): unearthed, embedded in sandstone, or surface collected?* In: South African Journal of Science, Vol. 104, 2008, p.165-168.

102. Beauvilain, A.; Watté, J.-P.: *Toumaï (Sahelanthropus tchadensis) a-t-il été inhumé?* In: Bulletin de la Société Géologique de Normandie et des Amis du Muséum du Havre 96, 2009, S. 19-26.

103. Schuster, M., et al.: *The Age of the Sahara Desert.* In: Science, Vol. 311, 2006, p.821.

第13章　猿人から原人へ——アフリカ単一起源説はもはや通用しない？

現在知られている初期の猿人についての情報にどのくらい信憑性があるかということは、経験豊富な専門家にも判断が難しい。オロリン・トゥゲネンシスが人類の進化ライン初期に属する可能性が高いことは、多数の事実が示しているが、サヘラントロプス・チャデンシスが継続的に猿人に分類されうるかどうかは、すでに説明したように非常に疑わしい。エチオピアで発見された、四四〇万年前のアルディピテクス・ラミドゥス〈Ardipithecus ramidus〉の場合、ヒトの〝歩行足〟ではなく、類人猿の〝把握足〟を持つので、分類には問題がある。発見された骨は、大きさや形からメスの個体のものと推測され、短く「アルディ」と呼ばれている。足親指が横向きに伸びていることや、〝把握足〟独特のかたち、頑丈な脚や骨盤から、「アルディ」はときどき枝上でバランスをとりながら直立歩行し、地面を二足歩行することもあったのではないか、と、化石を調査した科学者は推論した。だが、十分に証明されたわけではない。

グレコピテクスやトラチロスの足跡に関する学術データも、豊富とはとてもいえないが、それでも現時点における類人猿進化モデルを再検討する十分なきっかけを与えてくれる。

現時点で、ヒトの祖先として疑問の余地のない最古の種は、アウストラロピテクス・アファレンシス。「ルーシー」の骨格のおかげで偶像的存在となったこの種は、四〇〇個を超える残存物が発見され、ほかのどの種よりはるかに詳しく研究された。[104] 猿人進化への理解にとってきわめて重要といえる。とくに多数の発見物があったのは、エチオピアのアファール地域とタンザニアのラエトリで、三七〇～三〇〇万年前と推定されている。

「ルーシー」の種では、身体のほとんどすべての部分に二足歩行への適応がみられる。脊椎は腰部で曲がり、骨盤は短く前方に向き、X脚が形成されて完全に伸ばせる膝を持つ。頑丈な足親指はほかの足指と並び、衝撃をやわらげる足底弓ができかけている。しかし、のちの原人とは異なる原始的な特徴も持つ。長めの前腕、短い大腿部、手足の指が湾曲していること、発掘された骨からの復元でわかるように、腕や肩の関節周囲の筋肉が独特なことなど。腰関節および骨盤の独特な形から、「ルーシー」の属する種は、歩行にはまだそれほど熟練しておらず、樹上でも生活していたのではないか、というのが多くの専門家の一致した意見だが、[105] この解剖学的特性は歩いたり走ったりするのに少しも支障はなかったと考える研究者もいる。[106]

直立歩行のメリット

アウストラロピテクス・アファレンシスの成体では、脳の容量は四五〇立方センチメートルで、身体との比では現生チンパンジーの脳よりほんの少し大きかったにすぎない。非常にたくましく、たぐいまれな適応能力があったのではないかと考えられる。これまでに発見された残存物によると、七〇万年以上にわたって生存したことがわかる。この間、気候や生態系が何度も激しく変化していることを考えると、相当に長い。アウストラロピテクスの化石は、乾燥に順応したレイヨウの骨と同じ地層にも存在する。つまり、樹木のない一面の草地とか、低木のまばらに生えたサバンナのような環境で生息していたということになる。他方では、樹上に生息するサルや原猿のそばにもアウストラロピテクスの骨が発見されたが、こちらは樹木の生い茂る高湿度の森のなかという生活環境だ。

大きく異なる環境でモザイク状に拡散したことは、人類進化の根本的解釈である、なぜ直立歩行に発達したのかという問題に触れる。類人猿やヒトの化石が初めて発見されるよりずっと前の一八〇九年に、フランス人自然科学者ジャン＝バティスト・ラマルクが驚くべき答えを出している。ラマルクによると、環境が変化したためにチンパンジーのような四足歩行生物が木登りや足で枝をつかむことをやめ、何世代にもわたって脚を歩行のみに使用すれば、足親指はしだいにほかの足指に密着するようになる。[107]

この理論的考察は、過去二一〇年間にチャールズ・ダーウィンをはじめとする数世代の科学者によって、最も有力で確実な人類進化仮説……いわゆるサバンナ仮説に発展した。現在のヒトの祖先は、乾燥気候の時代に後退していく森林の木々を離れ、サバンナに似た風景の地面で生活するようになったという説だ。それ以来、サバンナ仮説は拡張されて洗練されるとともに、背景調査や相対化も行われたが、基本的考察には妥当性がある。[108]木々のない開けた草地という生活環境には、新しい困難や危険もあったが、サバイバルのチャンスや食料供給源も提供してくれた。木々のこずえが迷路のように絡み合う森のなかとくらべて、地面の生活にメリットがあることは、いくつかの特性からわかる。こうして、変化していく環境にうまく適応するために、生体構造や新陳代謝、行動を制御する遺伝子変化が選択的に優先されていった。

二足歩行では、移動のために手は必要なくなったので、食料や役立つ物体、子どもを運ぶのに使われるようになる。こうして微細運動技能の発達が可能になった。あいた手で、道具を製作したり火を制御したりできるばかりか、四肢で歩くより二足のほうが効果的でもある。チーターほど速く走るのはとても無理だとしても、レイヨウより持久力はあるし、武器を携帯することもできる。また、直立歩行によって日光を浴びる面積が減るので、日陰のほとんどない地形では過熱を防ぐのに最適でもある。

これだけもっともな論拠があるのに、サバンナ仮説を根本的に疑問視する専門家もいる。例はいくつかあるが、「アルディ」の移動法の解釈がその一つだ。アルディピテクスが実際に頑丈な〝把握足〟で枝に立ち、腕や手を補助として二足で枝から枝へと歩いたとすれば、地上生活を直立歩行の原因とするサバンナ仮説は意味を失うのではないか。こう考える科学者は少数だが存在する。アルディピテクス・ラミドゥスの発見者ティム・ホワイトもその一人だ。彼がサバンナ仮説に反論し、「アルディ」の体格を二足歩行の起源とみなしているのも意外なことではない。

枝上で直立してバランスをとるのは、身長一二〇センチ、体重五〇キロの類人猿では珍しいことではない。アルディピテクスよりずっと前のダヌヴィウス・グッゲンモシ、つまりアルゴイで発見された「ウド」も、すでに似たような移動法をしていたと考えられる。とはいえ、おそらく二足でそれほど長距離は歩けなかったのではないだろうか。ここから、アルディピテクスの〝把握足〟を使った直立歩行は、〝歩行足〟による特徴的な二足歩行の直前の段階だったと論理的に結論するこ

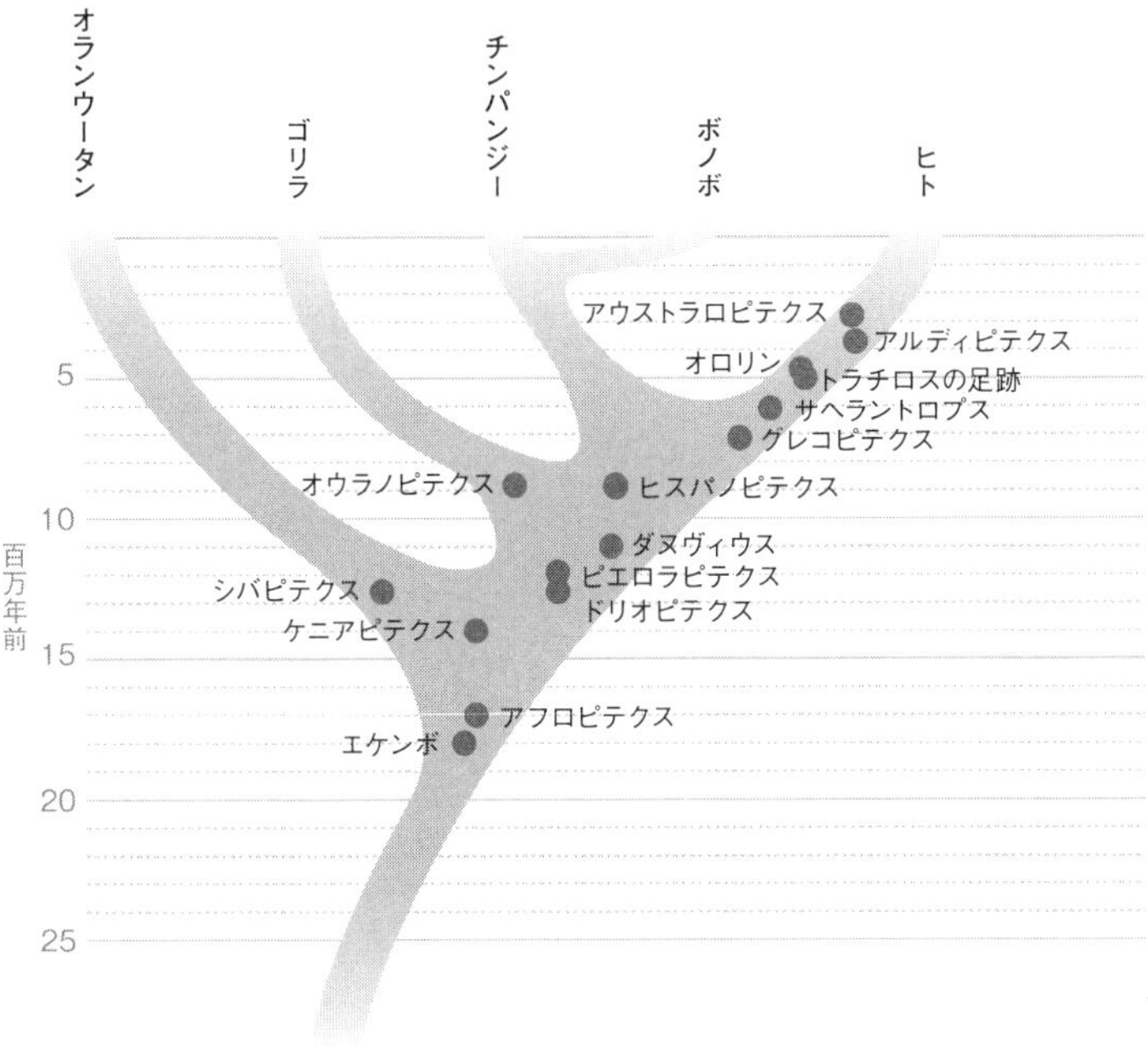

図19　類人猿の系統図

とはできまい。トラチロスで見つかった六〇〇万年以上前の〝歩行足〟の跡も、「アルディ」より二〇〇万年近く前のものであり、やはりこの説に矛盾している。ヒトの特徴である〝歩行足〟は、アルディピテクスよりずっと前に発達していた。「アルディ」の特別な役割によってサバンナ仮説を反証するのは無理がある。私の考えでは、アルディピテクスは進化の側枝であり、二足歩行の始まりではあるまい。

サバンナ仮説に説得力があるのは、環境および気候の変化を進化の推進力とみなして中心においていることにある。しかし、アフリカでますます古い化石が発見され、アフリカにおける気候史が正確に復元されていくとともに、サバンナが広範囲に拡大したのは、猿人がすでに二足歩行をするようになったのちだということが明らかになった。それでもなおアフリカ単一起源説を擁護するために、一部の著名古人類学者は最終的にサバンナ仮説を捨て、最初はほんの少数の類人猿がアフリカ熱帯地域辺縁で直立歩行を発達させた、あるいは枝上で直立歩行するようになった、と説いた。サバンナ仮説は正しいかもしれないが、初期猿人の故郷はアフリカ東部だったという位置づけは捨てたくないのだろう。

ピケルミ動物相は七四〇～七一〇〇万年前、グレコピテクスは約七二〇〇万年前と年代を測定する過程で、ヨーロッパと近東でサバンナが広がったのはアフリカよりずっと早かったことが判明した。アフリカにサバンナが生じたのは二六〇〇万年前だ。グレコピテクスやトラチロスの足跡から推察されるように、ヒトとチンパンジーの進化ラインが分岐したのはアフリカではなくユーラシアだったと考えると、遺伝子計測によって得た最終分岐年代である七〇〇〇万年前は、サバンナ風景が生じた年代と合致する（第一五章に詳述）。

起源はアフリカにあるのか

ヨーロッパで発見された、猿人と推測される化石の年代が、ヨーロッパでサバンナ風景が生じた年代と合致するということは、人類の起源はアフリカにあるという説とはっきり矛盾する。人類進化はアフリカで起こり、人類はアフリカから全世界に広がったという説は、ハンブルク大学人類学教授を長年務めたギュンター・ブロイヤーによって一九八〇年代に〝アフリカ単一起源説（Out of Africa Theory)〟と名づけられた。ブロイヤー教授にインスピレーションを与えたのは、デンマークの女流作家カレン・ブリクセンの小説『アフリカの日々（Out of Africa）』の映画版『愛と悲しみの果て』だった。

現在このモデルの擁護者は、時間的にも空間的にも独立した二つの大移動として把握している。「エル・グレコ」から約五〇〇万年後の原人の拡散である第一次出アフリカと、ずっとのちのホモ・サピエンスの拡散である第二次出アフリカである。

人類進化のどのヴァージョンをとるとしても、ヒト属の進化は二七〇万年前に地球で始まった氷河期の気候激変と密接に関係している。人類進化の根本的なステップは、氷河期の始まりと時間的にぴったり一致する。ヒト属の最古の化石はこの時代に由来するのだ。原始的な原人の残存物だが、骨のほかに技工的な道具も発見された。

最古の原人の化石は二六〇〜一九〇万年前のもので、アフリカにほんの少数の骨があるにすぎない。エチオピア、ケニア、マラウィ出土[109]の化石が同一種なのか複数の種に属するのかは、まだ完全に解明されていない[110]。また、アウストラロピテクスとどのようなつながりがあるのかということも、激しい学術論争の的になっている[111]。学術用語の混乱を避けるために、古人類学者は種名を定めることなく、短く〝初期のヒト属〟と呼ぶ。原人は猿人とは違って楕円形ではなく円形の歯堤を持ち、脳体積は六〇〇〜八五〇立方センチメートルに拡大し、われわれの脳の約半分に相当する。脳が大きくなったのは、食料が変化したことを示唆するほか、道具作りなどに欠かせない複雑かつ認知的なプロセスの重要な前提でもある。

現生チンパンジーと同じく猿人もおそらく道具を使ったと考えられる。しかし、ヒト属はなんらかの見つけた物体を使うだけでなく、特定の目的のために道具を作った。科学ではこれを人工物〈artifact〉と呼ぶ。打撃を加えて作った石器は初期の原人に独特のしるしで、この技術はオルドワン文化と呼ばれる。メアリー・リーキーとルイス・リーキーがオルドヴァイ渓谷で最初に発見した礫器はきわめてシンプルな打製石器だった。アフリカ東部で最も古いものは二六〇万年前……つまり初期の原人と年代的に合致する。

年代測定法は時とともにしだいに精確になり、現在では氷河時代初期のシーンがかなり適確に得られるが、当面は多数の疑問が未解決のまま残ることになる。原始的な道具がそもそも道具であるかどうか、見極めるのは容易ではないからだ。自然にできた疑似物とほとんど見分けがつかない。たとえば、山地の川底を押し流される小石がたがいにぶつかり合って、驚くほどオルドワン石器と似た破片ができることもある。こうしたケースでは、ヒト属の存在を証明するために、化石によって空間的状況や地質学的起源を厳密に分析しなければならない。

アフリカ単一起源説は、数十年間にわたって疑問視されることはなかった。この説によると、道具を作るヒト属の原人は二〇〇万年以上前にアフリカ東部で発達し、一〇〇万年以上のちに直立歩行のホモ・エレクトスとしてユーラシアに広がった。しかし、地中海地域[112]やアジアなど、アフリカ東部以外の地域で発見された道具によって、アフリカ単一起源説は大きく揺らぐ。

反証できないアジアの痕跡

石器文化は本当にアフリカに由来するのかという疑問が生じたのは、注目すべきインドの出土品によるところが大きい。現在知られている最古の道具は、二〇一六年にパンジャブ州マソルで発掘された。[113] 古人類学者の調査により、二六〇万年前に使われたものと判明したが、それが正しいとすると、アジアにおける原人の最古の道具は、アフリカのオルドワン石器と少なくとも同じ時期のものということになる。このメッセージに世界中の専門家は刺激を受けたものの、同僚の多くは無反応か、または非常にひかえめに反応しただけだった。しかし、フランスおよびインドの研究者には十分な出土品がある。インド山岳地帯の峡谷で、約二五〇個の道具と無数の骨の化石が発見された

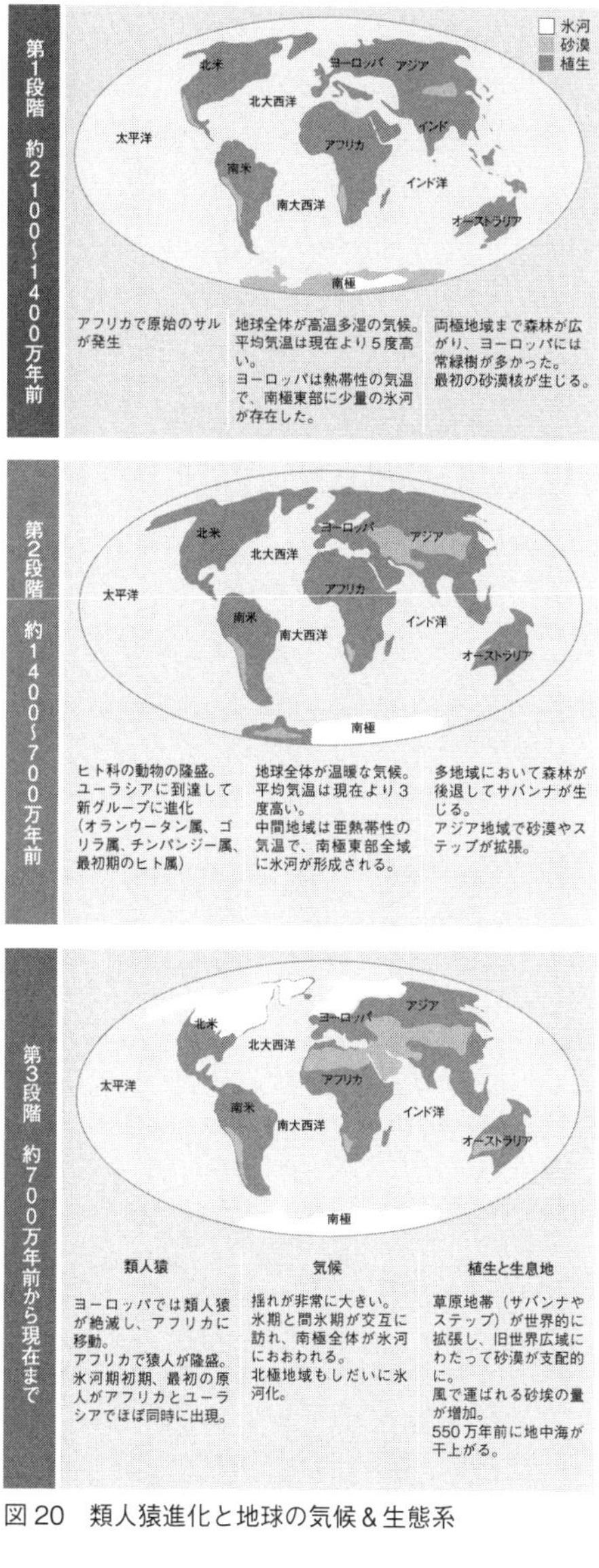

氷河
砂漠
植生
第1段階　約2100～1400万年前
北米
ヨーロッパ

植生と生息地
ヨーロッパでは類人猿が絶滅し、アフリカに移動。

アフリカで猿人が隆盛。

氷河期初期、最初の原人がアフリカとユーラシアでほぼ同時に出現。

揺れが非常に大きい。

氷期と間氷期が交互に訪れ、南極全体が氷河におおわれる。

北極地域もしだいに氷河化。

草原地帯（サバンナやステップ）が世界的に拡張し、旧世界広域にわたって砂漠が支配的に。

風で運ばれる砂埃の量が増加。

550万年前に地中海が干上がる。

図20　類人猿進化と地球の気候＆生態系

北大西洋
太平洋

南米
インド洋
南大西洋
オーストラリア
南極
アフリカで原始のサルが発生
地球全体が高温多湿の気候。平均気温は現在より5度高い。
ヨーロッパは熱帯性の気温で、南極東部に少量の氷河が存在した。
両極地域まで森林が広がり、ヨーロッパには常緑樹が多かった。
最初の砂漠核が生じる。
第2段階　約1400～700万年前
北米
ヨーロッパ

北大西洋
太平洋

南米
インド洋
南大西洋
オーストラリア
南極
ヒト科の動物の隆盛。
ユーラシアに到達して新グループに進化
（オランウータン属、ゴリラ属、チンパンジー属、最初期のヒト属）
地球全体が温暖な気候。平均気温は現在より3度高い。
中間地域は亜熱帯性の気温で、南極東部全域に氷河が形成される。
多地域において森林が後退してサバンナが生じる。
アジア地域で砂漠やステップが拡張。
第3段階　約700万年前から現在まで
北米
ヨーロッパ

北大西洋
太平洋

南米
インド洋
南大西洋
オーストラリア
南極

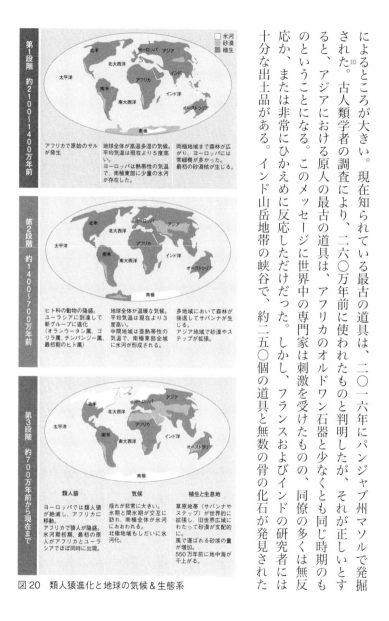

のだ。骨は、石器を使って加工した観がある。だが、出土したのは確実に年代決定できる堆積物内ではなかったため、さらに発掘作業を続けたところ、幸運に恵まれた。このとき複数の骨と道具が見つかったのは、年代決定可能な物質のなかだった。

第一次出アフリカモデルをさらにぐらつかせたのは、中国における新しい研究成果だった。近年、明らかに二〇〇万年以上前の集落を示唆するものが、中国でいくつも見つかった。発見地は、四川省の標高二〇〇〇メートルのカルスト山地にあるLonggupo（龍骨坂）洞窟で、轟音をたてて流れる長江の切り立った峡谷から七五〇メートル上方の山林に位置する。フランス人および中国人科学者が、厚さ二〇メートルある洞窟の堆積物を一二メートル掘り起こしたところ、豊かな化石動物相の残存物数千個が見つかった。ジャイアントパンダ、ゾウに似たステゴドン、サーベルタイガーなどがそこに含まれる。洞窟堆積物は合計二七の地層からなり、調査した層すべてに手製の石器が見つかった。研究者がこれまで細心の注意を払って掘り出した道具は一〇〇〇個以上にのぼる。オルドワン石器と同じタイプの単純な礫器や打製石器だ。[114] これまで調査された、最も古い道具を含む最も深い層は、二四八万年前と測定されている。しかも、洞窟堆積層の下部八メートルはまだ発掘されていない。

洞窟堆積層からは、注目すべき類人猿の残存物も出土した。オランウータンの仲間に属する身長二メートル以上ある巨大な動物の単独の歯が一握り分、見つかっている。[115] そのなかには、ヒトの歯によく似たものも含まれる。大臼歯二個のついた下顎の断片と、上顎についた切歯一個で、中国人科学者は新しい原人ホモ・ウシャネンシス〈Homo wushanensis〉（巫山人）として発表した。

アメリカの人類学者数名も、一九九五年に巫山の発掘物を調査する機会を得た[116]。彼らは、「巫山人」は初期のヒト属のベースであると結論し、中国人科学者の見解を肯定した。

第一次出アフリカ説はこれでさらにぐらついた。というのも、この説によれば、アフリカを離れたのは原始的な初期ヒト属ではなく、かなり高度に進化した原人だったからだ。他方では、アジア出土の骨はアフリカのものとほぼ同じ二六〇万年前または二四八万年前と測定され、ヒト属発生の時間的優位はもはやアフリカにはなくなった。二〇〇九年、アメリカ人科学者の一人が、一四年前に発表した研究結果をいきなり撤回した。『ネイチャー』誌に掲載されたエッセイのなかで、誤りがあったことを認めているが[117]、学会では希少価値のできごとだ。この科学者は、「巫山人」を〝謎のアジアのサル〟と呼び、発見された道具についてはいっさい触れていない。撤回の基本的な理由として、歯の原始的な形をあげている。

たしかに「巫山人」の歯は比較的小さい。大きさからいうと、身長一メートルしかないアルゴイ出土の「ウド」に相当し、歯根はバルカン出土の「エル・グレコ」のものよりわずかに原始的といえる。近年フィリピンで発見されたホモ・ルゾネンシス〈Homo luzonensis〉（ルソン原人）も、同じような小さな歯と原始的な歯根を持つ。この種については第一九章で詳しく触れたい。こうした歯の特徴はすでに一九九五年に発表されており、猿人と最古の原人の許容差範囲にある。時を同じくして、中国における発掘では「巫山人」を裏づける多数の〝確実な〟証拠が出てきた。それならば、なぜドラマチックに撤回したのか。第一次出アフリカ説に危険がおよんではいけないのだろうか。

考えられるのは、一九九五年から二〇〇九年にかけて古人類学が得た認識は、すでに定着しているイメージと合わなかったので、科学者が不安をおぼえたということだ。とくに最新の年代測定法のおかげで、アジア最古の原人の年代は何度も訂正され、しだいに古い時代にさかのぼった。

そうした事情のなかで、二〇〇四年にインドネシアのフローレス島で非常に原始的な特徴を持つ小柄なヒト属が、ホモ・フローレシエンシス〈Homo floresiensis〉（フローレス人）として公表された。「ホビット」とも呼ばれるこのヒト属は、アフリカ起源説に対するさらなる反証だった。なぜなら、最初のヒト属としてアフリカを離れたはずの、アジアの標準的な原人であるホモ・エレクトスより原始的なつくりをしているからだ。

パラダイム崩壊

現時点では、最古の原人と石器文化について、アフリカ、地中海地域、アジアにおける時間差は認識できない。アフリカ、ユーラシアともに、氷河期初期にあたる二六〇万年前にさかのぼる証拠が発見されている。そのため、第一次出アフリカ・パラダイムはもはや通用しない。

つまり、ユーラシアの原人ホモ・エレクトスはアフリカ東部のホモ・エルガステル〈Homo ergaster〉に由来する、というのは信憑性に欠ける。体格の非常によく似た二つの種が同じ時代に生存したということは、現在ではむしろ明らかなのではないだろうか。「トゥルカナ・ボーイ」とも呼ばれる、アフリカ出土の非常に良好に保存された原人ホモ・エルガステルの骨格は、一五五万年前のものと推定されている。ほかの数個の破片は保存状態はよくないとはいえ、この種がすでに一七〇万年前にトゥルカナ湖周辺に生息したことを示している。インドネシアのジャワ島で発見された典型的なアジアの原人であるホモ・エレクトスは、一六〇〜一五〇万年前とされる。[118] 中国で発見されたホモ・エレクトスの歯数個は、古人類学者により一七〇万年前と測定され、[119] やはり中国出土の直立歩行のヒト属の頭蓋骨は一六三万年前のものとされた。[120]

それればかりか、原人二種の生体構造から、どちらがどちらに由来するといった関係は逆推論できない。道具についてもそれはいえる。最初期のヒト属が作ったのは単純なオルドワン石器だが、この二種の原人はそれよりずっと技巧的な道具を使った。程度の差はあるが、かなり手を込めて加工した握斧は、アシュール文化と呼ばれる。

トゥルカナ湖周辺で発見されたアシュール文化の握斧は、一七六万年前に由来する。[121] アジアのホモ・エレクトスでは握斧はまだ見つかっていないが、アゾフ海と黒海にはさまれたタマン半島で、オルドワン文化とアシュール文化の移行期の道具が発見された。一六〇万年前にさかのぼるものだ。[122] 初期のヒト属やユーラシアおよびアフリカで典型的な原人が同時に出現したことは、従来の第一次出アフリカモデルでは説明できない。人類の起源を一つの国や地方、または大陸に特定しようとしても、うまくいかないだろう。人類の起源はアフリカだけにあるのではない。アジアとヨーロッパも人類進化の主要な地域だった。つまり、最新のデータ状況を有意義に整理するための新しい仮説を、古人類学は緊急に必要としている。

新しい説明へのアプローチは、ドイツの人類学者フランツ・ワイデンライヒが唱えた多地域進化説をもとに打ち立てることもできるだろう。ワイデンライヒは、早くも一九四三年に思慮深く記述している。

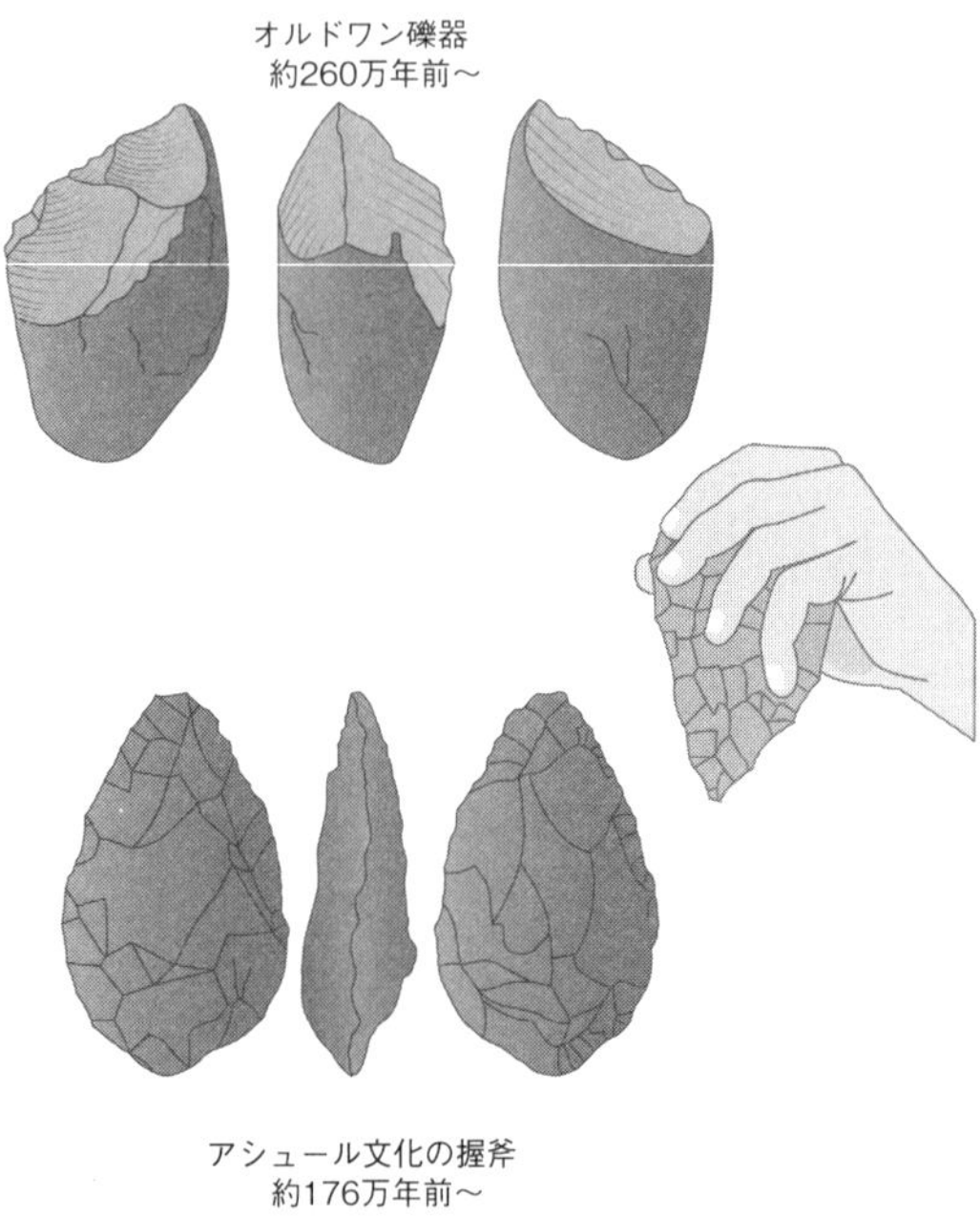

図21　オルドワン石器とアシュールの握斧

「人類進化が起こったのは、特定の地理的中心地に限定されず、非常に広大な地域、おそらく旧世界全域で進行したのではないか」

すでに述べたように、ある種が発生した地理的位置を特定するのは難しい。その理由の一つは、多数の種が未知の広大な地域に生息したために、種の形成プロセスを直接調査できるケースはまれにしかないからだ。哺乳類の化石のほとんどは、発見地において移民であるかの印象がある。化石が発見される場所や発掘現場は、時間的にも空間的にも単独の情報しか与えてくれないからだ。単独の情報の量が莫大になって初めて、信頼性のあるイメージが得られる。

104. Kimbel, W.; Delezene, L.: *»Lucy« Redux: A Review of Research on Australopithecus afarensis.* In: Yearbook of Physical Anthropology, Vol. 52, 2009, p.2-48.

105. Stern, J. T.: *Climbing to the Top: A Personal Memoir of Australopithecus afarensis.* In: Evolutuionary Anthropology, Vol. 9, 2000, p.113-133.

106. Lovejoy, C. O.: *The natural history of human gait and posture.* In: Gait Posture, Vol. 21, 2005, p.113-151.

107. 以下の文献からの意訳。Lamarck, Jean-Baptiste de: *Philosophie zoologique, ou, Exposition des considerations relative à l'histoire naturelle des animaux.* Paris 1809.

108. Dominguez-Rodrigo, M.: *Is the »Savanna Hypothesis« a Dead Concept for Explaining the Emergence of the Earliest Hominins?* In: Current Anthropology 55 (1), 2014, p.59-81.

109. Spoor, et al.: *Reconstructed Homo habilis type OH 7 suggests deep-rooted species diversity in early Homo.* In: Nature, Vol. 519, 2015, p.83-86.

110. アフリカで発見された初期ヒト属（ホモ・ルドルフェンシス、ホモ・ハビリス、ホモ・エルガステル）については、専門家のあいだで意見が割れている。

111. ホモ・ハビリスとホモ・ルドルフェンシスの持つ特徴の多くは、アウストラロピテクス属と共通している。そのため、この二種をアウストラロピテクス属に分類し、原人ではなく猿人とみなす科学者もいる。

112. 数年前、アルジェリアの地中海岸から一〇〇キロメートル離れたアイン・ブシェリで、二四四万年前のオルドワン文化が発見された。Sahnouni, M., et al.: *1.9-million- and 2.4-million-year-old artifacts and stone tool-cutmarked bones from Ain Boucherit, Algeria.* In: Science 10. 2008.

113. Gaillard, C., et al.: *The lithic industries on the fossiliferous outcrops of the Late Pliocene Masol Formation, Siwalik Frontal Range, northwestern India (Punjab).* In: Comptes Rendus Palevol, Vol. 15, 2015, p.341-357.

114. Wei, Guangbiao, et al.: *Paleolithic culture of Longgupo and its creators.* In: Quaternary International, Vol. 354, 2014, p.154-161.

115. 東南アジア全域を生息地とする〈Gigantopithecus blacki〉種の化石が中国、ベトナム、タイにある一〇洞を超える洞窟から出土。現時点で歯一〇〇〇個以上のほか、下顎の断片数個が見つかっている。大ざっぱな計算から身長は二メートル以上と推測され、これまで存在した最大のサルと考えられている。

116. Huang, W., et al.: *Early Homo and associated artifacts from Asia.* In: Nature, Vol. 378, 1995, p.275-278.

117. Ciochon, R.: *The mystery ape of Pleistocene Asia.* In: Nature, Vol. 459, 2009, p.910-911.

118. Zaim, Y., et al.: *New 1.5 million-year-old Homo erectus maxilla from Sangiran (Central Java, Indonesia).* In: Journal of Human Evolution, Vol. 61, 2011, p.363-376.

119. Zhu, R. X., et al.: *Early evidence of the genus Homo in East Asia.* J. Hum. Evol. 55, 2008, p.1075-1085.

120. Zhu, Z. Y., et al.: *New dating of the Homo erectus cranium from Lantian (Gongwangling).* China. J. Hum. Evol. 78, 2015, p.144-157.

121. Beyene, Y., et al.: *The characteristics and chronology of the earliest Acheulean at Konso, Ethiopia.* In: PNAS January 29, 2013, p.1584-1591.

122. Shchelinski, V., et al.: *The Early Pleistocene site of Kermek in western Ciscaucasia (southern Russia): Stratigraphy, biotic record and lithic industry (preliminary results).* In: Quaternary International'Vol. 393, 2016, p.51-69.

第四部　気候変動は進化の原動力

第14章　重要なのは骨だけではない
——環境変化の復元は進化を理解するキーポイント

人類進化の研究は、大がかりな発掘作業とわくわくする発見のストーリー。興味の中心はほとんどの場合、特別の注目を集める化石。たとえば、太古のものに思われる頭蓋骨などがそうで、まさに祖先に向き合っているような気持ちになる。多数の科学者もまた、ヒト属の化石をみずから発見し研究することに集中する。それもそのはず、こうした発掘物は、われわれの祖先の生体構造が時とともにどのように変化してきたかを解明してくれるからだ。また、最新の古人類学において最も重要な情報源であるゲノムが得られるのも、こうした化石しかない[123]。

しかし、進化プロセスを本当に理解するには、化石をはるかに超える全般的な痕跡調査が必要となる。歯や骨は、太古パズルの一部分にすぎない。それでは、古生物学者や古人類学者は、いったいどのようにして結果を得るのだろうか。わずかしかなく、たいていは不完全な発見物から人類祖先の生活環境を復元するには、どのような方法を使うのか。研究の中心をなすのは、必ず徹底的な年代測定だ。精確に年代決定できなければ、どのような発見物も無に等しい。だが、まさにこの年代測定に無数の落とし穴があることを説明してくれる、印象的な例をあげたい。

地質時代における鮮新世というと、「ルーシー」の生存した時代だが、このなかのある二〇〇〇年間に六つの大きな自然事象があったと仮定しよう。小惑星の地球衝突、大火山の噴火、広大な荒れ地の形成、といったことだ。われわれの祖先の人口は激減し、生き残った猿人は新しい生息地を探さなければならない。また、多くの哺乳類が絶滅した。このような激変を、たとえプラスマイナス一〇〇〇年程度の精確さで年代決定できるとしても（実際にはそれにもほど遠いのだが）、これらの事象は同時に起こったように思われる。ここで〝科学的クリエイティビティ〟を動員して因果連鎖を考察し、古代に起きたグローバルな大惨事を再構築したとすると、次のようになるかもしれない。小惑星が地球に衝突したことによって大火山の噴火が起こり、世界全域の気候が激変した。多数の地域で生活条件が悪化し、無数の動物が絶滅する。人類の太古の祖先も生存をかけて戦っている。もとの生息地には砂漠が広がり、たくさんの仲間が気候危機の犠牲となった。生き残った者は生息地を離れ、別の地域にうまく定住した。このシナリオは、もっともらしく聞こえるかもしれない。

　しかし、年代決定技術はまだ不完全で、鮮新世内の数百年の差を区別することはできない。だから、これらの事象は関連性を持たないかもしれない。比較として、同じ長さの過去二〇〇〇年に目を向けると、そのことがよくわかる。実際、似たような自然事象が六つ起きたが、たがいに関係はない。一九〇八年六月、シベリアにツングースカ小惑星が衝突。一八一六年、インドネシアのタンボラ山噴火により、ヨーロッパでは〝夏のない一年〟となり、作物の収穫が激減したため、大勢の人々が北米に移住した。一四世紀には、ヨーロッパの人口の三分の一が黒死病で死亡した。九世紀にヨーロッパのライオンが絶滅、一六二七年にオーロックス（ウシの一種）が、一九三六年にオーストリアに生息するフクロオオカミが絶滅。[124] 四世紀から六世紀にかけて民族大移動が起こり、中央アジアの諸民族がヨーロッパに移動し、約二〇〇〇〇年前、北アフリカは長い乾燥期を経て現在のサハラが形成された。

これらのできごとは、すべて正確に年代を定めることができ、文書として記録されているものもある。しかし、因果関係は存在しない。

時代をさかのぼればさかのぼるほど時間的解像度が低くなるから、数百万年前の進化史の段階については信憑性のある説明にはならないということなのだろうか。いや、そうではない。現在では、そうした大昔の年代と環境条件を復元する方法はいくらでもあるし、重大なできごとは先に例としてあげたようにいつも近接して起こるわけではない。原因が自然災害ではない気候変動は、ゆっくりと進行することが多い。それでは、いつ、どのように、なぜ、人類進化が起こったのかを解明するために、科学者はどのような方法を使うのだろうか。

高度な年代決定法

最も重要な年代決定法の一つに、放射年代測定がある。よく知られているのは放射性炭素年代測定[125]で、化石や岩石に含まれる炭素（元素記号＝C）を分析して得られる値だ。炭素の原子核は通常、陽子六個と中性子六個を持つので、炭素12（^{12}C）ということもある。しかし、地球大気には、中性子六個ではなく八個を持つ同位体、炭素14（^{14}C）が存在する。炭素14は、宇宙線によってたえまなく新たに形成される。弱い放射能を持ち、不安定で、一定の割合で分解して構成要素になる。生きた植物は、光合成によって大気中の二酸化炭素から炭素14を取り込み、炭素12とともに組織に組み入れる。こうして、植物と、植物を食べる動物では、炭素14と炭素12が同じ割合に保たれる。有機体が死ぬと、一種の原子時計が始動する。炭素14の〝補給〟がなくなるので、放射性崩壊によって存在比率は下がり始める。このプロセスは完全に規則正しく進行するので、時間に換算することができ、年代測定に適している。

しかし、放射性炭素年代測定には、デメリットが一つある。炭素14の崩壊は比較的速いので、化石に含まれる炭素同位体内の割合は五七三〇年で半減する。五〇〇〇〇年以上経過すると存在量は非常に少なくなり、精確な年代測定は難しい。

そのため、もっと古い年代を調べたい考古学者は、ほかの放射年代測定も併用する。たとえば、ウランおよびトリウムの崩壊によって、化石や岩石は五〇万年まで測定できる。ウランの半減期はもっと長いという説もある。また、ウラン・鉛年代測定法やカリウム・アルゴン法などを使えば、さらに昔までさかのぼることができる。しかし、放射年代測定はいつも可能なわけでない。

化石、または化石の埋まっていた岩石のなかに必要な要素がない場合には、ほかの方法を使うしかない。すでに述べた、岩石中の磁気の性質を分析する地磁気層序もその一つで、磁気を含む微小な岩石粒子の方向性を測定する。岩石が生成されたときの地磁気の方向を保存した〝石のコンパス〟といえるかもしれない。地磁気は数百万年のあいだに変化をくり返し、何度も逆転したため、この方法によって岩石やそこに含まれる化石の時間枠がわかる。グレコピテクスの年代決定にも、ほかの方法とともに地磁気層序を使った。

ほかの測定法では、既知の周期に従う循環のプロセスを使う。昼夜リズムや夏冬リズム、または日射変化などだ。太陽系の重力のせいで、地球のどの地点においても、日射にはサイクルがある。低緯度および中緯度地域では二万年、極に近い高緯度地域ではその二倍のサイクルとなる。日射は気候の重要な駆動力なので、自然な気候変化も循環的であることが多い。自然な気候変化は、岩石の性質に沈積する。このようにして、たとえば温暖な気候のもとでは寒冷な条件の地域とは異なる物質が堆積する。そのため、気候に左右される岩石の性質も、年代決定に役に立つ。

これらを合わせると、年代決定法は現在では種類も数もかなりたくさんある。適切に使用すれば年代測定のぶれは一パーセント以下に抑えられるので、一〇〇万年前であれば、結果は誤差一万年程度。別の言い方をすれば、前日のできごとなら、誤差一五分で当てられることになる。

微小な痕跡から大きな結果に

化石を進化史のなかで分類するためには、精確な年代決定だけでは足りない。岩石に含まれる有機物や無生物から復元される同時代の環境も、同じくらい重要な意味を持つ。もちろん化石自体も特別人目を惹く大きな有機残存物だが、岩石中にはそのほかにもたくさんの情報源があるのに、研究のさいに重視されないことも多い。大きな骨よりも、微化石から過去の情報をよけいに得られることも珍しくない。例をあげると、単細胞藻類の残存物から昔の水質についての情報が得られるし、動物プランクトンの微小な石灰質スケルトンには、原始の海の温度、塩度、潮流の方向などが記録されている。現在の技術を使えば、岩石に含まれる個々の有機微粒子ですら追跡可能なのだ。地球における最初の生命形態が保存された唯一の痕跡であることもまれではない。

すぐれた情報源というと、化石化した植物の花粉もそうだ。個々の植物を特定できるばかりか、過去の生態系における植生全体を復元することもできる。

繊細な有機物の花粉が堆積物のなかに残されていなくても、ほとんどの植物が組織内に持つ微小な石英粒子、プラント・オパールを分析に使うことができる。花粉より抵抗力があり、長期間維持されやすい。また、燃焼した植物の一部もたくさんの情報を提供してくれる。微小な木炭片からも、数百万年前にある地域でどれだけ火災があったか、どのような植物が火災で焼けたか、といったことを読み取ることができる。

太古の人類が使った道具や器に残存する有機物からもいろいろな情報が得られる。われわれの祖先が石器で穀物を挽いたのか、肉を加工したのかがわかるし、器のなかに血、牛乳、はちみつ、ワイン、さらにはチーズなどを入れていた、といったことが読めるのだ。土器の小片で足りるケースも多い。

岩石中の無生物部分を詳しく調べると、過去へのさらなる窓が開かれる。個々の岩石粒子の大きさや形、層などを観察すれば、海で堆積したのか、あるいは湖で堆積したのかがわかるし、風によって砂漠から吹き寄せられたのか、うっそうとした森の地面で形成されたのか、山岳地帯の急流でこすられたのか、ゆったりとした流れのなかにあったのか、察せられる。塵のように微小な粒でも、顕微鏡で表面の特徴的な掻き傷を見れば、嵐によって遠くに吹き飛ばされたかどうかがわかる。これについては、次の章でグレコピテクスの生活環境を考察するときに述べたい。

岩石に含まれる鉱物の化学組成からも、古代世界についてのさまざまなことがわかる。湿った地面では、細菌の新陳代謝によって酸化鉄粒子が集まることもある。これを磁気センサーで調べると、当時の降雨状況についての情報が得られる。また、方解石に含まれるさまざまな酸素同位体の状態を調査することで、地球史のはるか昔の段階における地中温度や雨水の化学組成といったことが読み取れる。さらに、かつて鉱物が堆積した地域がどの高度にあったか、といった情報まで保存されているのだ。

これらの方法が可能になったおかげで、学術的発掘のやり方は根本的に変わった。発掘物の背景、つまり化石が埋まっていた場所の地質学的状況が調査の中心となり、詳細に記録されなければならない。そのため、化石を掘り出す前にトータルステーション[126]によって状況を測定する。そのほか、無数の岩石サンプルを採取し、発掘物の上下の地層の関係を精密に調査するとともに、写真を撮影して化石の状態を発見場所で記録する。もろくなった発掘物の場合、土中でギプスをはめてから掘り起こし、のちにラボで慎重に被覆を取り除くことも多い。レーザースキャンなどの新技術を使えば、その場でコンピュータによるヴァーチャル画像を復元できる。クレタの足跡化石でも使われた。発掘における細部や観察は、どれをとってものちに重要な情報だと判明するかもしれない。掘り出すと同時に発掘物の背景が破壊されるので、記録しなかったものは永久に失われる。本格的な発掘とは、ほとんどのケースにおいて、化石を求める冒険的な狩りではない。

細部はどれも重要

最新の発掘技術を使用するさい、絶滅した生物を研究する古生物学者は、人類の過去の文化遺産を研究する考古学者から学ぶことがまだたくさんある。というのも、考古学の発掘は、ずっと慎重に行われることが多いからだ。博物館や研究所にある化石収集物を見ると、われわれの祖先や親せきの種は、ときどき顎があるほかには歯しか残さなかったという印象を受ける。その理由の一つは、硬いエナメル質のおかげで、歯はやわらかい骨よりはるかに抵抗性があるので、長期的に保存されやすいことだ。これまで知られている類人猿およびヒトの化石は約一〇〇種だが、体骨格が残っているのはその四分の一程度ではないだろうか。

私自身の経験から、発見物が不完全なのは現場作業に不備があるためと考えられる。現在の古生物学の状況は、〝シュリーマン式[127]〟宝探しを行った一九世紀の考古学と比較できるのではないだろうか。古生物学者が今もときどき〝化石ハンター〟と呼ばれるのも、そのせいだろう。ハンターは獲物を主観的に選ぶ。たとえば、シカ狩りで狙うのは、六つに枝分かれした角を持つ個体だけというふうに。化石ハンターにも標的があって、探すものだけを見つけるか、あるいは何も見つからないかだ。

このアプローチで意味を持つのはトロフィーであり、狩りの標的の価値はさまざまだ。歯は骨より格が高いし、サルの化石はウマの化石より重要で、哺乳類は魚はたまた植物より意味がある。岩石や堆積物構造は価値ヒエラルキーの最下層に位置する。このような主観的選択のせいで、あとから分析できなくなってしまうばかりか、骨格の重要な部分の発見も妨げられる。アルゴイのサルである「ウド」では、脛骨、尺骨、椎骨ばかりか、膝骸骨、手根骨、指の骨も見つかった。通常の発掘では、こうした小さな骨や骨のかけらはすぐには分類できない。ラボで処理してから解剖学的精密検査を行ったすえに、手根骨がシカのものなのか、それともサルのものなのかが判明する。膝骸骨や指の骨は肉食獣のものだった、ということもあるかもしれない。「ウド」の場合も、ラボで尺骨や脛骨を同定した。

〝鍛冶屋〟では、世界初の発見であるゾウの赤ちゃんの腰骨も見つかった。手のひらに満たないくらいの大きさで、掘り起こしたときにはカメの甲羅の一部だろうと推測したのだが、それでも、もろい骨は注意深く土から出された。いまや、ゾウのほかの骨の断片とともに、この種についての貴重な生物学的情報や死因への示唆を与えてくれる。

そこで、化石を求めて科学的発掘をするさい、私にはいくつかの中心原則がある。最も重要なのは、よい骨や悪い骨はない、ということ。どのような化石であろうと、発掘と記録は慎重にやらなくてはならない。また、地形の観察は重要な鍵となる可能性があるので、記録する必要がある。広域にわたる探索や、ましてやトロフィー目当てのハンティングより、徹底した発掘を常に優先させなければならない。これらの原則に従えば、進化史のイメージは非常に多様かつ具体的となる。グレコピテクスの生活環境を詳細に復元できたことからもわかるのではないだろうか。

123・古遺伝学は、人類進化史の後の章で重要性を持つ。これまで解読された最古のヒトのＤＮＡは、スペイン北部にある〝Sima de los Huesos（骨穴）〟と呼ばれる洞窟で発見された四〇万年前の化石に由来する。最も古いＤＮＡは、ユーコン準州（カナダ）の永久凍土から出土したウマの化石のもの。

124・オーロックスとフクロオオカミの最後の生存個体は捕獲下の動物。野生種はそれより先に絶滅した。

125. アメリカ人ウィラード・フランク・リビーが一九四〇年代後半にこの方法を開発し、一九六〇年にノーベル化学賞を受賞した。
126. クイック測地器具によって垂直角と水平角のほか、距離も計測できる。
127. ハインリッヒ・シュリーマン(一八二二―一八九〇)はドイツの考古学者。トロイア遺跡の発見者といわれている。〝プリアモスの財宝〟を探してトロイアの丘全体に深い穴を掘ったために、重要な情報が永遠に失われた。初期のやり方に対する批判を受けたのち、発掘法を根本的に改善。現在では、近代発掘調査法の創始者とされている。

第15章　時間の塵に埋もれて——「エル・グレコ」時代の風景と植生

　思考のなかで大昔にタイムトラベルして、近辺を歩いてみよう。今から七一七万五〇〇〇年前の、現在アクロポリスのある丘の麓。ある春の午後で、気温は三〇度、海岸からそよ風が吹き寄せる。雲一つない、輝く青空のもとに、のちにアテネとなる盆地が見渡せる。すばらしい景観だ。足下に広がる一面の草地には、木や茂みがまばらに生えている。黒いリボンさながらに蛇行する河川が、風景を貫いて海岸方向に流れ、川岸に密生するヨシがグリーン・ベルトをなしている。ずっと向こうは丘だ。石灰岩と大理石からなる標高一〇〇〇メートル未満の山脈が、盆地を三方から囲む。マツがぽつんぽつんと立つだけの不毛さが、周辺地域と好対照をなしている。

　山脈のすそは、密生するオークの森に縁どられている。風景式庭園の眺めに似ていなくもない。それほど広い空間ではないのに、さまざまな高度にさまざまな植生が調和的に共存している。ふいに風が吹き起こり、光が赤く染まった。南方に目をやると、不吉な雲が海から沸き起こったように近づいてくる。嵐の前触れだ。アクロポリスの丘から下りて、周囲を少し調査する潮時ということか。丘から下りると、大きな岩石のあいだに無数の泉がある。丘を形成する石灰岩の下に水を通さない粘板岩層があるため、裂け目や割れ目に流入した雨水は、さらに下に浸透することなく、層の境界で湧き出す。乾季にも水のたえない自然の貯水池といえるだろう。[128]

泉はかなりの水量があり、丘を囲む一帯は湿地となっている。洞穴内を水源とする大きめの小川に沿って、湿地帯を横切ることにする。おとなしいオオハイラックスが草を食む姿が見える。追い払うつもりはないのに、動物はすぐに鼻をくんくんさせながら歩き出し、湿地の茂みのなかに入っていった。現生のキノボリハイラックスやイワハイラックスの祖先だ。外見はマーモットに似ているが、系統的にはゾウやジュゴン目に近い。現生のハイラックスはウサギ大だが、ギリシャのオオハイラックス[129]はブタくらいの大きさになる。

私たちは小川の浅瀬を歩いて進んだ。川岸にはガマがびっしりと生えており、平原を進めば進むほどガマの帯は広がり、前進困難になったからだ。ヨシ原の向こうの風景はどうなっているのだろうか。つかのま足を止めると、すぐそばから奇妙な音が聞こえてきた。かさかさと葉の鳴る音と、ぶーぶーというなり。この音はブタしかあるまい。さいわい、私たちの存在には気づいていない。ミクロストニクスのオスは現在のイノシシより身体が大きく、すぐに危険になりかねない。どうやら動物たちはおいしいガマの根を求めてやわらかい土を掘り返すのに余念がないらしい。注意しながら二キロほど進んだころ、ようやく歩いて渡れる場所に達した。

マンモスより大型のゾウ

ここは、動物たちが定期的に川を渡ったり、水を飲んだりする場所だ。ぬかるんだ川岸は踏みつくされ、解剖学的情報を与えてくれる足跡がいっぱいついている。とくに目につくのは、五〇センチもあるまるい足跡で、当時最大の哺乳類、ディノテリウム・プロアヴムのものであることは間違いあるまい。絶滅したゾウの一種で、肩の高さまで四メートル以上、体重一五トン以上というから、現在のアフリカゾウや氷河時代のマンモスよりはるかに大きい[130]。下顎についた牙は下向きに湾曲し、一メートル以上になることもある。そのため、〝キバゾウ〟とも呼ばれる。しかし、大部分は有蹄類の残した足跡だ。三センチにも満たない繊細な跡はガゼル。この地域に棲む多種多様なレイヨウの足跡はやや大きく、五～八センチある。アテネ盆地に一〇種以上生息し、そのうち数種は人目を惹くらせん状の角を持つ。

ほんの少し離れた、ヨシ原の端のあたりに、ローンアンテロープの小グループが草を食べている。こちらに気を留めるようすもない。頑丈な胴体とサーベルに似た長い角を持ち、現生のオリックス属を思わせる。彼らのすぐそばで無数のヒッパリオンが新鮮な草で腹を満たしている。〝よりよいウマ〟を意味する学術名に敬意を表してなのか、動揺するようすはない。遠目には、ヒッパリオンはロバまたはグレーシマウマに見えなくもないが、ぬかるみについた足跡には彼らの真の性質が表れている。現生のウマやロバやシマウマは一個の蹄で歩くのに対して、ヒッパリオンは強固な蹄を中心として二本の足指を持つ。そのため、安定して立つにはいいが、ウマやシマウマのように速く駆けることはできない。

グレコピテクスも、この浅瀬に足跡を残しただろうか。グレコピテクスの足の形はどんなふうだったのか。すでに二本脚でうまく歩行していたのか、それとも現生チンパンジーと同じように移動していたのか、知りたいところだ。しばらく探したのに、それらしきものは見えない。もしかすると、「エル・グレコ」の存在を示すものは、ほかのところにあるかもしれない。折られた木の枝とか、収集した石ころとか、割り開いた骨とか。半円形の視界を地面に這わせて一心に探しながら、知らないうちに少しずつ川岸から離れていく。ふいに、思考から引き離された。三〇メートルと離れていない場所に、〝自然の芝刈り機〟が荒い鼻息をたてている。身長一メートル未満、長い円筒形の胴体に、非常に短い円筒形の脚がついた大昔の動物。幅広い口で、まさににんまり笑いかけているみたい。口角から突き出た二本の牙が、グロテスクな姿をさらにグロテスクに見せている。草を食んでいるところを私たちに邪魔されたのは、明らかにキロテリウム、いわば短足のサイだ。脚が短いおかげで頭は地面すれすれの位置にある。牙とざらざらした粗い舌で草を〝刈る〟のに最適な高さといえる。

当時のアテネ盆地には、キロテリウムのほかに、現生のクロサイの系統であるサイ二種が生息していた。キロテリウムとは違い、鼻に実際に角が生えている。残念ながら、今日は姿を見せない。代わりに遠くに見えるのは、子連れのパレオトラグスのつがい。短首のキリンともいえるこの動物は、現生のオカピの祖先だ。身長約二メートルで、低い枝についた葉や雑草を主食とする。アテネ盆地に生えるもっと高い木々の葉を専門とするのは、ほかの種のキリン。なかでも現生のキリンに似た身長四メートルもある首長キリンのボーリニア・アッティカは、長さ四〇センチの舌で上手に樹冠から若芽やドングリを採る。驚くほどたくさんの草食動物がここに生息するが、彼らを狩る捕食者はまだ姿を現さない。

私たちの目に見える唯一の肉食動物は、遠方の空で輪を描いているハゲワシ数羽。裂かれた動物をどこかに見つけて、ありつく順番がくるのを待っているのかもしれない。ここでは屍はこと欠かない。サーベルタイガーだけでも、この一帯に三種存在する。最も大きいのはマカイロドゥスで、ライオンほどの大きさのたくましく恐ろしいハンターだ。道中でハイエナに出会えば危険だが、多数のネコ類と同じく、たいてい昼間はどこかに潜んでいる。もしかすると、浅瀬のそばに転がる噛みちぎられた骨は、ハイエナによるものかもしれない。

残念ながら、もう一度引き返してじっくりと調べる時間はない。いつのまにか雷雨が近づいてきた。雲が威嚇的にせり上がり、空が暗い。数分後には豪雨となり、地面を謎めいた赤い塵埃でおおいつくすだろう。これが、沈没した世界を理解する重要な鍵となることは、二一世紀に戻ったらわかる……。

赤い塵埃の謎

骨が埋まっているのはれんが色の細かい粒状の物質であることは、二〇〇年前にアテネ近郊のピケルミで化石を初めて掘り当てた人々も気がついた。彼らは、昔の湖や河川で積もった堆積物だと考え、テラロッサ（イタリア語で〝赤い土〟を意味する）と名づけた。[131] 一九四四年にブルーノ・フォン・フレイベルクがピルゴスの〝アマリア王妃の塔〟で発見した化石もやはり、特徴的なれんが色の岩石物質のなかに埋まっていた。グレコピテクスの下顎もそうだったように。

この岩石層は砂塵が固まってできたもので、大型哺乳類の骨はそのなかに埋もれた、という可能性はあるだろうか。そうだとすると、グレコピテクスの生活条件にどのような影響があったのだろうか。古代ギリシャのホメーロスは、叙事詩『イーリアス』のなかで「血のように滴る雨」[132]と描写している。埃の粒子で血のように赤く染まった雨。当時、こうした〝血の雨〟現象は、災いをもたらす神々の前兆と評価されることが多かった。現在では、この現象はサハラから吹き飛ばされる砂塵嵐であることがわかっている。[133] 地中海地方では現在にいたるまで定期的に起き、一平方メートルあたり年間二〇グラムの砂漠の砂が堆積する。つまり、この地域の赤みがかった土の重要な構成要素は、サハラの砂塵ということだ。[134] 七〇〇万年前にもこれと比較できる割合だったのだろうか。

アテネ盆地の赤い土は河川や湖で堆積したという解釈に、私が最初に疑問を抱いたのは、二〇一四年にピケルミ発掘地を初めて訪れたときだった。じっくりと観察すると、赤い岩石物質はたしかにとても細かいが、湖の堆積物であるほどに細かくはないことがわかる。ある地層の粒の大きさについての感覚は、ゲレンデで調査するうちに磨かれる。ルーペで粒が見えなくても、歯で噛むとぎしぎしと音がする場合、大きさ六～六〇マイクロメートルのシルト岩である。これは、細かく挽いた小麦粉の一〇分の一くらいだが、砂漠の砂ではふつうの大きさだ。ピケルミの土は歯のあいだでぎしぎしするばかりか、塩気がある。私の感覚では、バターを塗ったパンに振りかけられるほどの塩気がある。近くのエーゲ海のしぶきによって表面に塩分が溜まったのだろうか、と、とっさに考えた。

しかし、この物質を深く掘り進んでいくと、石膏、塩化ナトリウムつまり食塩といった状態で塩分が出てくる。この塩分のイオンを調べると、海塩ではなく、陸地で形成されたことがわかった。塩湖の水が涸れた場合などだ。[135] さらに、塵粒子の大きさは五～三〇マイクロメートルなので、風によって遠距離を運ばれるのに十分に適している。[136] だが、サハラから運ばれた埃であるかどうかは、

図22　ピケルミの河床で形成されたシルト。内部に島のような小石の堆積物を含む。

それだけでは実証できない。さらに、塩分を含まない部分を調査することによって、明白な地質学的トレードマークを持つことがわかった。ほとんどすべての粒子は六〇〇万年前のもので、パンアフリカン造山運動中に形成されたことを示す特徴だ。つまり、アフリカ北部の古代の山脈の残存物ということになる。これで、アテネ近郊の赤い堆積物はサハラの砂埃であることが実証された。[137] 薄い堆積層ではなく、最大三五メートルもある分厚い地層である。これが形成された時代には、一平方メートルあたり年間二五〇グラムの砂漠砂が嵐によってギリシャ南部に吹き寄せられた。現在の地中海地域の一〇倍以上であり、サヘル地域の値に近い。[138] ということは、「エル・グレコ」や、タイムトラベルで出会ったサバンナの動物たちの生活空間は、埃だらけだったことになる。毎年春になると砂塵嵐が起こり、〝血の雨〟となって土地に降り注いだ。この時代、この地域はまさに埃に沈んだのだろう。グレコピテクスは、化石化した砂塵堆積物のなかで見つかった初の猿人候補といえる。

グレコピテクスとくらべると、現生類人猿の故郷はずっと砂塵が少ない。このような砂塵の負担にうまく対処できるのは、高度に発達した現生霊長類であるわれわれだけだろう。それでも、グレコピテクスの世界は乾燥していたわけではない。調査結果によると、アテネ近郊の化石土は、約七〇〇万年前に堆積層の風化と有機物質の分解によって形成されたのち、新しい岩石層の下に埋もれて保存された。この古土壌は、同段階の気候を再構築するための貴重な情報源なのだ。たとえば、土中の湿気は新しい鉱物の形成に影響をおよぼし、構造を変化させる。そこで、鉱物構造の特徴から降水量を計算できる。当時のアテネ盆地における降水量は、一平方メートルあたり年間六〇〇リットル以内で、冬と春に多かった。現在は平均四〇〇リットル、つまり当時より三〇パーセント以上少ない。当時の年間平均気温は二二度なので、現在のギリシャより四度高かったことになる。[139]

生物種の豊富な地中海地域の灌木地

それでは、「エル・グレコ」時代の植生のようすは、どこからわかるのだろうか。砂塵層のなかに、化石化した葉や樹幹など植物の残存物はなく、花粉も見つからなかった。[140]だが、プラント・オパールと呼ばれる、植物細胞に由来するガラス質の無機構造物は、長期間にわたって堆積物のなかに多数残されていた。そのおかげで、ヤシ、イトスギ、オーク、プラタナスが確認できた。当時のアテネ盆地では、先ほどタイムトラベルで見たように、これらの木々が寄り集まって森を形成していたのではなく、公園程度にぽつぽつと立っていた。[141]この地勢では低木もよく育ち、ヒイラギ、ギンバイカ、ギョリュウが確認された。とくに種類が豊富なのは雑草や草本で、雑草の代表にはイワミツバや多種のアザミがある。草本にはアワ、キビといった雑穀やイネ科の植物が含まれ、現在の熱帯地方や亜熱帯サバンナに特徴的な植物だ。[142]こうした植物は、現在のヨーロッパにはもはや見られない。学会でもこれまでは、ヨーロッパには過去にも広範囲に生息したことはない、と考えられていた。しかし、私たちの研究結果によると、そうではないことになる。「エル・グレコ」時代の

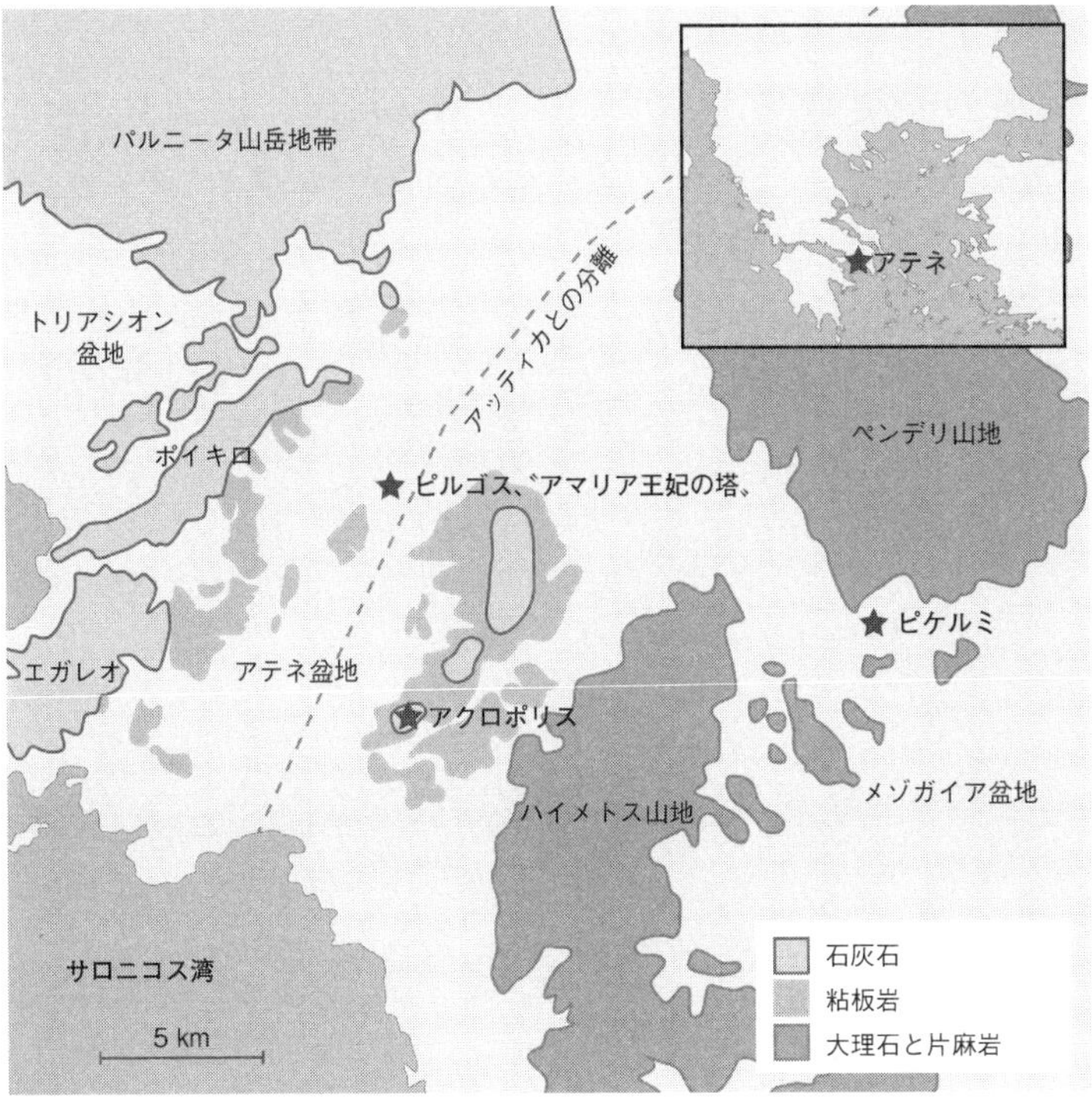

図23　ギリシャ・アッティカ地方の地質学

植生のイメージをまとめると、木々や低木がまばらに生え、あいだに雑草や草本が密生する風景となる。このような植生は、現在の生態系では知られていないが、地中海性低木サバンナと呼べるだろう。この解釈は、ピケルミ近郊で低木火災が頻繁に発生したことを示す要素とも合致する。赤い砂塵のなかに、多数の木炭があったのだ。微細な分子から、肉眼で見える大きめの断片まであり、この土地では乾季によく火災が発生した証拠といえる。いずれにせよ、典型的なサバンナの特徴だ。

タイムトラベルで出会った動物たちは、この風景と合致する。

約二〇〇〇年前に出土し、発掘地ピケルミを有名にした動物たちは、現在アフリカのサバンナに生息する動物たちを思わせる。本当によく似ていて、ピケルミ最初の発掘者であるアルベール・ゴードリーも比較しているほどだ[143]。一八六二年に発表されたゴードリーの解釈は、当時の気候、植生、火災の果たした役割に関する私たちの研究結果によって継続的に裏づけられた。「エル・グレコ」が現生類人猿のように純粋な森の住民だったという説は、これで除外されたことになる。森林は、成長するためにははるかに多量の降雨を必要とする。熱帯・亜熱帯の気温ではなおさらだ。それに、森林内にこのような分厚い砂塵堆積層が形成されることはない。それに対して、サバンナの草は砂塵を捕らえやすい[144]。現在知られているなかで最初の潜在的猿人である「エル・グレコ」は、ヨーロッパのサバンナに生息したのだろう。そのことは、アテネ盆地の地質や当時の動植物界から明白に類推できる。われわれにとっては、人類進化史の説明としての伝統的なサバンナ仮説は今後も有効という示唆だ。

「エル・グレコ」の食習慣

それでは、「エル・グレコ」はこの土地で何を食べて生きたのだろうか。また、いちばん棲みやすい場所はアテネ盆地のどこだったのか、再現できるだろうか。確実にいえるのは、水飲み場へのアクセスが重要な要素だったということ。現在のサバンナでも、水は最も貴重な資源だ。とくに乾季、アフリカのサバンナに生息する動物たちは、新鮮な草や最後の水たまりを求めて、長く危険な道のりを移動する。よく知られているのは、タンザニアのセレンゲティに棲む動物たちの大移動だろう。当時のアテネ盆地も、これと似たような状況だったはずだ。周囲の丘から出る水は、すべてケフィソス川という小さな川に流入する。現在もこれは変わっていないが、建築物が多くて目に入らない。小川と呼んだほうがいいくらいの流れだが、グレコピテクス時代にも存在した。グレコピテクス発掘地であるピルゴスの〝アマリア王妃の塔〟は、現在のケフィソス川から西側にたった五〇〇メートルしか離れていない。また、ブルーノ・フォン・フレイベルクが一九四四年に下顎を発見した赤い岩石層の上部には、川が流れを変えたときに堆積した礫の層もある。

そのほか、岩石中にも河川がそばにあったことへの示唆が見つかった。ここでも鍵となったのはプラント・オパールで、スゲ、ハナビゼキショウ、ガマなど、年間を通して湿った土壌を必要とする植物だ。つまり「エル・グレコ」の故郷世界は、雑草や草本におおわれ、木や茂みが孤立して立つ風景で、スゲ、ハナビゼキショウ、ガマに縁どられた小川のある場所。そこでは年間を通して飲み水と食料が得られた。だが、実際に何を食べていたのだろうか。

下顎の歯を観察すると、噛んでかなりすり減った跡がある。咀嚼面だけでなく、歯間もだ。一九七二年にエアランゲンで初めて下顎を調査した古人類学者グスタフ・ハインリヒ・ラルフ・フォン・ケーニヒスヴァルトも、そのことで首をかしげた。このような跡は現生の類人猿にも化石のそれにも見たことがない、と、研究報告に言及している。歯間はすっかり消え、歯が隣りの歯に押しつけられた観がある。人類学者にとっては、それほど珍しい発見ではない。狩猟採集民、とくに繊維質で噛み切りにくい植物を食料とするサバンナ民族に、そのような擦り切れがみられる。隣接する歯は、ピアノの鍵盤を順番に押していくように、交互に上下する。このようにして、歯は隣りの歯にこすられてしだいにすり減る。「エル・グレコ」はまだわりと若いオスの個体なのに、歯のすり減りはかなり進んでいる。

では、何を食べて歯にこのような負担をかけたのだろうか。ピルゴスで得られるいちばん旨いものは、ガマだったに違いあるまい。高さ四メートルまで伸びる、ヨシに似た植物は、大昔から人類に重宝されていた[145]。新芽、茎、花、花粉、根……ほとんどの部分も食用に適し、おいしくて栄養価が高い[146]。根はでんぷんに富み、新芽や花粉にはたんぱく質、ビタミン、糖類が含まれる。どれも必須栄養素だ。東欧では、現在も春になると新鮮なガマの茎を〝コサックアスパラガス〟または〝野生アスパラガス〟と呼び、珍味として販売する。さらなるメリットとして、ガマが育つ場所ではとてもよく繁殖するので、この食料源が尽きることはまずあるまい。ただし、新芽にしろ、茎や根にしろ、生で食べると筋が多くて硬く、かなりよく噛まなければならない。グレコピテクスの下顎からもわかるように。

ガマがいかに重要な食品だったとはいえ、「エル・グレコ」は生活圏内のほかの資源も利用したはずだ。冬季の数カ月間は、でんぷん質の多いドングリ、ビタミンや糖質を含むイチゴノキ属の果実があった。春と夏には、スイバ、イワミツバ、ハコベ、Felsenblume、モクセイソウ、アザミ、Salzmelde、スゲが食料に加わる。これらの植物は、ピルゴスの化石によって実証された。現在はほとんど忘れられた、ドイツにもある伝統的な野草だ[147]。しかし、グレコピテクスが完全菜食だったとは思われない。死んだ動物や昆虫のたんぱく質や脂肪は、いくらでも手に入っただろう。利用したかどうかは確証できないが、もっともらしくはある。概していえば、「エル・グレコ」の食料の多様性は、多くの科学者がアウストラロピテクスや初期ヒト属の食料だったと仮定し、いくつかのケースでは証明したものと似ている。[148] いずれにせよ、食生活という観点からみると、グレコピテクスは現生のどのサルよりわれわれに近い。

128. アクロポリスは、アテネ盆地を見下ろす石灰岩塊の丘にあるが、偶然ではない。三〇〇〇万年前、テクトニクス・エネルギーによって石灰岩層が水密な粘板岩層の上部に押しやられた。石灰岩層の大部分は浸食によって削られたが、アクロポリスの岩塊を含む少数の外座層は残った。こうして、季節を問わず水の湧き出る無数の泉が生じ、新石器時代以来このかた重宝されてきた。透水性の石灰岩がスポンジのように吸収した水は水密性の粘板岩層との境で止まり、のちに洞穴内に湧き出る。〝水時計〟のように。

129. 〈Phiohyrax graecus〉

130. Larramendi, A.: *Shoulder height, body mass, and shape of proboscideans*. In: Acta Palaeontologica Polonica 61 (3), 2016, p.537-574.

131. Abel, O.: *Lebensbilder aus der Tierwelt der Vorzeit. Kapitel II: In der Buschsteppe von Pikermi in Attika*. Gustav Fischer Verlag, Jena 1922, S. 75-165.

132. Homer: *Ilias*. Reclam Verlag, Stuttgart 1986. Siehe auch: Ehrenberg, C. G.: Passat-Staub und Blut-Regen. *Abhandlungen der königlichen Akademie der Wissenschaften*, Berlin 1849.

133. Goudie, A.; Middleton, N. J.: *Desert dust in the global system*. Springer. Berlin Heidelberg New York 2006.

134. 埃は赤色からオレンジ色で、鉄に多量に含まれる酸化物および水酸化物に由来する。

135. 海水には、陸地にある塩湖などの水から得た塩より多量の臭化物イオンが含まれる。

136. Vandenberghe, J.: *Grainsize of fine-grained wind blown sediment: A powerful proxy for process identification*. In: Earth-Science Reviews, Vol. 121, 2013, p.18-30.

137. フランス南部の古い地層にもサハラの砂が確認された。

138. 降雨のない地域では、地勢は主として風によって形成される。砂漠では、土と植物によって固定されないため、砂や塵埃は常に風に吹き飛ばされる。無防備に風にさらされた二〇〇億トンの岩石粉末が、砂漠に起こる砂塵嵐によって世界中に運ばれる。Shao, Y., et al.: *Dust cycle: An emerging core theme in Earth system science.* In: Aeolian Resaech, Vol. 2, p. 181-204, 2011.

139・推定値は、この時代の地中海の水温の調査結果から割り出された。Tsanova, A., at al.: *Cooling Mediterranean Sea surface temperatures during the Late Miocene provide a climate context for evolutionary transitions in Africa and Eurasia.* In: Earth and Planetary Science Letters, Vol. 419, 2005, p. 71-80.

140・木の葉や花粉のような有機物は、土のなかですみやかに分解・酸化される。

141・土の化学組成やプラント・オパールの統計から、樹木の密度は四〇パーセントと推計された。

142・学名は〈Panicoideae〉〈Chloridoideae〉

143・Gaudry, A.: *Animaux fossiles et géologie de l'Attique.* Paris 1862-1867.

144・Iriondo, M. H.; Kröhling, D. M.: *Non-classical types of loess.* In: Sedimentary Geology, Vol. 202, 2007, p.352-368.

145・Morton, J. F.: *Cattails (Typha spp.)-Weed Problem or potential crop.* In: Economic Botany 29 (1), 1975, p.7-29.

146・Plaisted, S. M.: *The Edible, Incredible Cattail.* In: Wild Food: Proceedings of the Oxford Symposium on Food and Cookery, Oxford Symposium 2004, p.260-262.

147・Fleischhauer, S. G.; Guthmann, J.; Spiegelberger, R.: *Enzyklopädie essbarer Wildpflanzen.* AT Verlag, Aarau/ München 2016.

148・Wrangham, Richard: *Feuer fangen: Wie uns das Kochen zum Menschen machte-eine neue Theorie der menschlichen Evolution.* DVA; München 2009.

第16章　大きな障壁——広大な砂漠が越えがたい障害に

　グレコピテクスの生活圏を再現すると、サハラの歴史はこれまでの推測よりはるか前までさかのぼることがわかる。だが、数百万年前に、この広大な砂漠は生命進化史にどのような影響をおよぼしたのだろうか。この疑問の解答へのアプローチとして、現在のサハラとそこに生息する生物を具体的に観察したい。砂、埃、岩からなるバリアである砂漠は、大昔からこのかた生命の脅威だったため、動植物は境界を越えて拡散していった。そのことを理解するために、現在の砂漠の観察は欠かせない。

　サハラ砂漠は、熱帯・亜熱帯性の乾燥砂漠で、太陽は年間を通して天頂付近に位置する。集中的な日照を受けて地面の温度が上昇し、六〇度以上になる場所も多い。降雨はほとんどなく、平均降水量は一平方メートルあたり年間一〇リットルにすぎない。ドイツの年間降水量の八〇分の一という少なさだ。このような極限条件を生き延びる少数の植物は、わずかの水分でも利用する。夜の涼しい空気が凝結した朝露もそうで、極端に乾燥した地域では、一滴の水でも貴重なのだ。そのため、サハラ砂漠で植物界と呼べるものは、オアシスのほか、砂漠辺縁のいくらか湿気を含む場所にしか存在しない。砂漠の中心にある地域の多くは完全に不毛だ。

　サハラ砂漠に生息する動物も非常に少なく、昆虫、クモ、サソリ、ヘビ、トカゲなどで、大部分は夕暮れや夜に活動する。日中の高温から身を守るために、地中の隠れ場にこもるか、または砂にもぐり込む。砂漠に棲むわずかの哺乳類も小型で、日暮れどきに隠れ場を出る。[149] ただし、例外が一つある。砂漠の掟がまったく通用しない、進化史上ユニークな存在に、ラクダがいる。[150] 進化プロセスで極端な生活空間に完璧に適応したラクダは、暑熱にも乾燥にもびくともしない。有蹄類に属するが、砂漠ではひづめは無用なので失われ、代わりに二本の頑丈な足指を持つ。足指の下部に大きなまるいタコ状のクッションがあって、沈むことなく砂の上を歩くのに最適な条件をなしている。ラクダはこのために蹠行動物とも呼ばれる。

さらに、ラクダは水不足に対処する興味深い戦略も開発した。必要とする水分の大部分は、水を飲まなくても餌でまかなえる。また、暑い砂漠気候では、排泄する水量を大きく減らす。腎臓は尿をできるだけ濃縮し、消化管は糞便が排泄される前に水分を除去する。ラクダの鼻も、息を吐くときに呼気に含まれる水分が粘膜に凝結して体内に取り込まれるようにできている。もう一つ重要な点は、日中の熱を保存し、夜間にそれを排出することによって体温を調整するメカニズムで、汗をかかなくてすむ。こうした装備により、ラクダは飲み水なしで何日も砂漠を移動することができる。

やっとのことで水を見つけるか、水飲み場に導かれると、短時間に多量の水を取り入れる能力を持つ。こぶは純粋に脂肪貯蔵庫だ。驚くべき適応能力といえる。しかし、ラクダが広大な乾燥地域を縦断してアフリカ、アラビア、アジアの砂漠の端から端まで移動する〝砂漠トランスポーター〟となったのは、ヒトと接触してからだった。現生のヒトコブラクダはすべて、アラビア半島南東部に由来する野生種が家畜化された動物であることは、遺伝子検査によって証明された。[151] 約三〇〇〇年前にアラビア半島で初めてラクダが家畜化され、新しい遊牧生活の礎石が築かれた。それはその後、北アフリカ、アラビア、アジアを通る砂漠帯全体に広がった。この発達プロセスで、約二〇〇〇年前にラクダが初めてサハラにもたらされたと推測されている。[152] だが、エジプトのファラオ時代には、ラクダは輸送手段としての意味を持たなかった。古代エジプトは、ナイル川流域の細長い土地に限られており、住民は定住生活を送り、運搬には主としてロバが使われたからだ。生活条件の厳しいサハラに行くことはめったになかった。[153] つまり、ラクダと遊牧生活が結びついたことによって、この広大な地域の歴史のなかで初めて、砂漠が生物学的にも文化的にも透過可能になったということだ。

時間をさらにさかのぼると、「エル・グレコ」時代における旧世界の砂漠にはもっと徹底的な影響力があったことがわかる。砂漠は越えがたい障壁であり、「エル・グレコ」にも影響をおよぼした。これまで発見されたグレコピテクスの化石は、アテネ近郊のピルゴスまたはブルガリアのアズマカで出土したものだ。ブルガリアの発掘物は推定七二四万年前で、ギリシャのものより約八万年古いが、すでにおわかりのように、進化史においては短い期間にすぎない。そのため、二つの発掘地でグレコピテクスの周囲に同種の動物が見つかったのも不思議はない。それでは、ピルゴス発掘地からそれほど離れていないピケルミで、別の動物相が発見されたのはどうしてだろうか。これらの化石も七三四万年前のもので、ブルガリアの出土物より〝たったの〟一〇万年古いにすぎない。それなのに、グレコピテクスが埋まっていた、わずかに若い地層で見つかった多数の種は、ここには見られないのだ。

この一〇〇万年の移行期間に、多数の絶滅種の動物がヨーロッパに移動したことは、発掘された骨によって証明されている。「エル・グレコ」時代の新しい動物で最も目につくのは、現生ゾウの祖先であるアナンクスで、進化史最初のゾウであると考えられる。ピケルミでもゾウの祖先の化石は発見されたが、もっと原始的な種で、上顎と下顎に二本ずつ、計四本の牙を持つ。そのため、科学者は〝ゾウの類似種〟と呼ぶ。アナンクスはどうかというと、現生ゾウと同じく上顎に二本の牙を持つ。まっすぐな牙は、三メートルの長さになることもある。だが、もっと重要なのは、アナンクスはアジア、正確にはインド亜大陸に由来し、ヨーロッパに移動してきたということだ。[154]それでは、「エル・グレコ」も移民であり、アナンクスといっしょに移動してきた可能性はあるだろうか。

気候変動がもたらした古代の移民

事実、この時代に、古代サハラをはじめとする旧世界の砂漠の拡張が第一ピークに達した。アフリカ北部からアラビア半島を通り、中国のゴビ砂漠まで伸びる乾燥地帯は、拡張して一万キロメートルもある広大な砂漠帯となり、旧世界を分断した（一四三頁の図参照）。このような巨大な障壁によって、グレコピテクスを含む動物社会全体が生まれ故郷から追い出され、ヨーロッパに移動した可能性は大いにある。私自身、この仮定には説得力があると考えている。[155]グレコピテクス時代の前サハラ段階が七〇万年と長く続いたことも、それに符合する。[156]それだけの期間があれば、砂漠によって分割された同種の動物が進化上分岐するのに十分だ。遺伝子的に孤立すれば、新しい種に進化することもある。現在サハラ砂漠の北側と南側で、遺伝子的には非常に近いが違う種類のハネジネズミが存在することも、その説明となるだろう。[157] もとは同じ個体群を形成していた動物だ。さらに、淡水魚や植物においても、サハラ効果は知られている。[158]

それでは、第一サハラ段階が終わったとき、何が起こったのだろうか。アフリカ北部が過去数百万年のあいだに、気候変動によって何度も緑のサバンナになったことは、現在では知られている。旧世界の砂漠帯は、収縮と拡張をくり返す血管のようだったとイメージしてもいいだろう。拡張する砂漠段階は、収縮するサバンナ段階よりいつも長い。注意深く観察すれば、サハラ砂漠の多くの場所でそうした湿潤期の残存物が見つかる。連なる砂丘のあいだに、風によって砂を運び去られた広い平原がある。一見すると延々と続く灰色のコンクリートでできた滑走路だが、地面をよく見ると、けっこう興味深いものが見つかる。膿疱に似た構造を持つ小さな物体や大きめの骨のかけら、はたまたカメの骨格などだ。そのほか石製の乳鉢やフリントでできた矢じりなどもある。

その原因は、現在では見渡す限り地平線まで広がる広大な砂漠が、かつては湖だったことにある。八〇〇〇年前、ここには見るからに奇妙な頭を持つヘテロプネウステス（ナマズ）やスッポンが生息していた。湖岸には、新石器時代の農民や牧畜民の営む畑や牧草地があった。当時のアフリカ季節風は、夏雨をはるか北方まで運んだ。降雨量は現在のドイツのそれとほぼ同じだったので、キリンやゾウやスイギュウなどサバンナの動物のペトログリフが、サハラ砂漠のまんなかにあるのも不思議ではない。これらは、現在では数千キロメートル南に生息する。[159] アフリカにおける最後の湿潤期は、氷河期末期である一万四〇〇〇年前に始まり、四二〇〇年前まで続いた。[160]

時代をさらにさかのぼると、サバンナ段階にはアフリカ・ヨーロッパ間で盛んに動物の行き来があったことが、化石からわかる。一例として、ユーラシアに由来する野ウサギが、六七〇〇万年前に初めてアフリカに現れた。[161] グレコピテクス時代の乾燥期後、最初の移住種といえる。また、チャドで発見された、六五〇〇万年前のキリンの一種であるボーリニアの化石は、ピケルミ発掘物ですでに知られている。[162] この段階におけるユーラシアからの移住種に、現在もアフリカに生息する大型レイヨウ、ウォーターバックのほか、ヤギやヒツジの祖先がある。[163] アフリカにとって新種のこれらの動物は、チャドやエチオピアに生息し、猿人の可能性のあるサヘラントロプスやアルディピテクスと同時代に生存した。

これらの動物も、やはりユーラシアからの移住種だろうか。あるいは、それ以前にアフリカで進化し、この時代の移住種と生活空間を分かち合うようになったのか。この疑問に対して決定的な答えを出すには、さらなる化石を発見するしかあるまい。とはいえ、われわれの初期の祖先もまた、さまざまな気候段階の転換期に、最良の生活条件を求めて、現在の大陸の境界を越えて放浪したというのはもっともらしい説だろう。アフリカの湿潤期に限らず、何度かその機会があったことは、六〇〇〇万年前に地中海地域で起こった興味深いできごとが示している。

149. サハラ砂漠には、ほかにフェネック（キツネ）、アダックス、スナネコ、トビネズミなどがいる。
150. ラクダにはヒトコブラクダとフタコブラクダがあり、ヒトコブラクダはアフリカ北部からインドに、フタコブラクダは西アジアから中国にかけて分布する。ラクダの故郷は北米で、遅くとも六〇〇万年前にユーラシアに到達したと推測される。いつ、どのようにして移動したのかは不明。北大西洋ルートで、ベーリング地峡を渡ったと考えられる。

151. Almathen, F., et al.: *Ancient and modern DNA reveal dynamics of domestication and cross-continental dispersal of the dromedary.* In: PNAS, June 14, 2016.

152. トゥアレグ族の祖先は、サハラ砂漠で最初にラクダを使った遊牧民。

153. 現在の視点で考えると、細長い肥沃な帯状地帯に沿った小さな居住地は、広大な砂漠にあって狭く窮屈に思われる。しかし、当時のエジプトでは、雄大なナイル川によって必要なものすべてがもたらされた。ナイル川の水は、赤道アフリカのモンスーン地域に由来する。ルワンダやブルンジの山地から湧き出る水だ。ナイル川上流地域の豪雨により、中流や下流の地域で定期的に洪水が生じた。そのためナイル川流域には太古から肥沃な沖積平野ができ、現在にいたるまでエジプトにおける農業の基礎となっている。

154. Markov, G.: *The Turolian proboscideans (Mammalia) of Europe: preliminary observations.* In: Historia Naturalis Bulgarica, Vol. 19, 2008, p.153-178.

155. Böhme, M., et al.: *Messinian age and savannah environment of the possible hominin Graecopithecus from Europe.* In: PLoS ONE 12 (5), 2017.

156. Böhme, M., et al.: *Late Miocene stratigraphy, palaeoclimate and evolution of the Sandanski Basin (Bulgaria) and the chronology of the Pikermian faunal changes.* In: Global and Planetary Change, Vol. 170, 2018, p.1-19.

157. ハネジネズミは、英語で〝elephant shrew〟と呼ばれる。というのも、見かけはトガリネズミのようだが、系統的にはゾウに近いからだ。（参照）Douady, C. J., et al.: *The Sahara as a vicariant agent, and the role of Miocene climatic events, in the diversification of the mammalian order Macroscelidea (elephant shrews).* In: PNAS June 23, 2003, p. 8325-8330.

158. Ali, S. S, et al.: *Out of Africa: Miocene Dispersal, Vicariance, and Extinction within Hyacinthaceae Subfamily Urgineoideae.* In: Journal of integrative plant biology 55 (10), 2013, p.950-964.

159. 今から一万一〇〇〇年前にアフリカの最後の湿潤期が始まったころ、〝肥沃な三日月地帯〟と呼ばれるイスラエルからシリアを経てイランにまたがる地域で、定住型農耕文化が発生した。こうして新石器革命（農耕と牧畜の〝発見〟）が始まる。湿潤期が終わると、サハラにおけるこの生活様式も終わり、メソポタミアと中央アジアに発達した高度な文化は崩壊した。

160. Pachur, H.-J.; Altmann, N.: *Die Ost-Sahara im Spätquartär: Ökosystemwandel im größten hyperariden Raum der Erde.* Springer Verlag, Berlin 2006.

161. Flynn, L. J., et al.: *The Leporid Datum: a late Miocene biotic marker.* In: Mammal Review 44(3 / 4), 2015, p.164-176.
162. Likius, A., et al.: *A new species of Bohlinia (Mammalia, Giraffidae) from the Late Miocene of Toros-Menalla, Chad.* In: Comptes Rendus Palevol Vol 6 (3), March 2007.
163. Bibi, F.: *Mio-Pliocene Faunal Exchanges and African Biogeography: The Record of Fossil Bovids.* In: Plos One 6 (2), 2011.

第17章　塩湖のある灰白色の砂漠――地中海が干上がったとき

マヨルカ島のホテルから海岸に向かって走れば、青い地中海が見え、涼しい潮風が感じられる。ところが、代わりに眼前に広がっているのは、無限とも思われる砂漠の風景。深い峡谷が縦横に走り、谷の一つに向かう途中にはきらきらと光る虚無があるだけ。月面のように荒涼とした光景。地面は食塩結晶におおわれ、ところどころに人間大の塊もある。目の前にある穴の深さは二キロメートル以上もあり、底の温度は五〇度で、生命は存在しない。大災害のシナリオのようだが、五六〇万年前の〝メッシニアン塩分危機[164]〟つまり地中海が干上がったときのようすを実際に描写したものだ。

地球史における劇的な段階の跡は、一九七〇年代前半に地質学者によって発見された。探検船グローマー・チャレンジャー号からボーリングを行って地中海底の岩石を採取したさい、思いがけず分厚い塩の層が見つかった[165]。海水の塩分は通常は水に溶けており、海底に堆積することはない。水分が蒸発して、食塩水が結晶しない限りは。発見された当初から多数の科学者が解明にあたったが、どのようにして塩分危機が生じたのか、理解するにいたったのは一〇年前だった[166]。一つの海の大部分を消失させた中新世後期の自然災害は、何だったのだろうか。

危機を引き起こしたのは、地中海のテクトニクスの力だ。アフリカプレートは北に移動しながら、

中新世・約700万年前の地中海地域

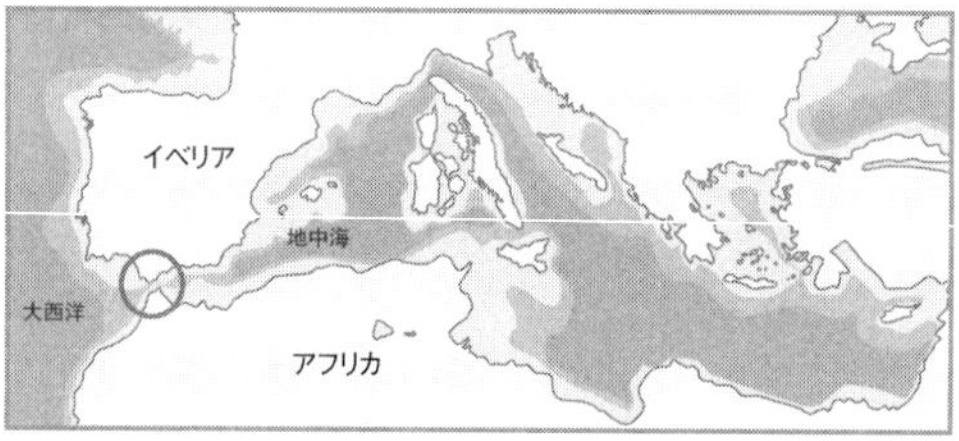

ジブラルタル海峡での塩分危機の発生

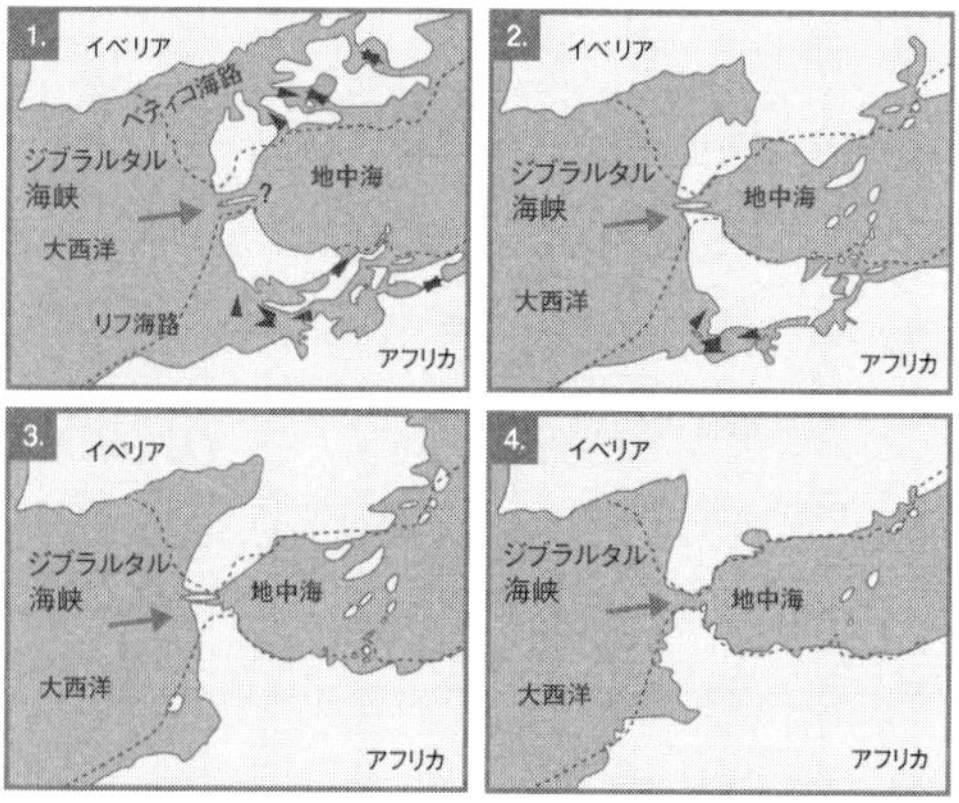

1．トートニアン後期
約 700 万年前
大西洋と地中海を結ぶ海路は 2 つ存在した。

2．メッシニアン初期
約 630 万年前
ベティコ海路が干上がり、水はモロッコ側の海峡だけを通して流れた。

3．メッシニアン後期
約 560 万年前
リフ海路も干上がる。

4．ザンクリアン
約 530 万年前
大西洋と地中海は、ジブラルタル海峡のみで結ばれている。

地中海が干上がったのち、塩分濃度の高い湖がところどころに存在するだけだった。

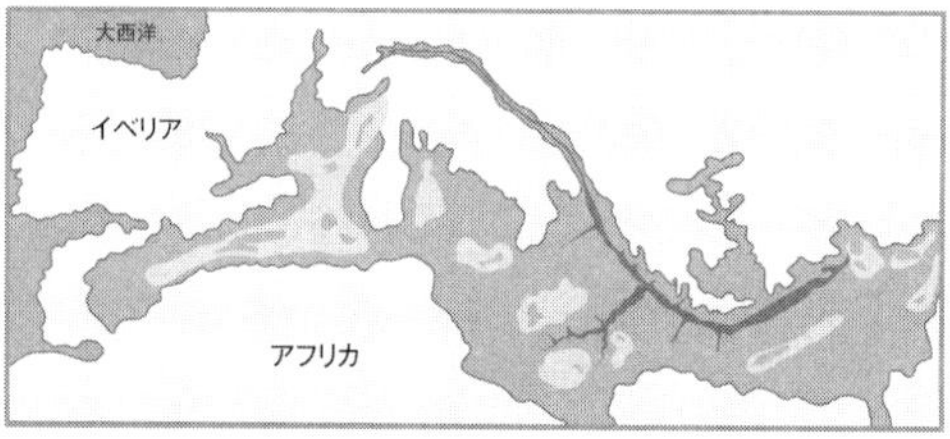

図 24　メッシニアン塩分危機

一億年以上前からヨーロッパ・アフリカ間の海底をユーラシアプレートの下に押しやってきた。そのため、地塊はしだいに接近し、海は縮小していった。ところが、この地域の西部であるアフリカとヨーロッパは、すでに中新世にかなり近く、大西洋と地中海を結ぶ道は非常に狭かった。現在、スペインとモロッコのあいだにはジブラルタル海峡しかないが、当時は二つの狭い水路があった。スペイン側のベティコ海路とモロッコ側のリフ海路だ。二つの海路は浅く、サンゴ礁に囲まれていた。現在のジブラルタル海峡の下部には、溶解した海底の岩石を含む大きなマグマだまりがあるため、地表は膨らみ、何度も火山噴火が起きた。六三〇万年前、いくらか寒冷な気候のせいで海水位が数メートル下がると、ベティコ海路は干上がり、二つの海を結ぶのはいくらか深いリフ海路だけとなった。そのため、大西洋から地中海に流れ込む海水が激減し、深刻な結果をもたらした。

海底に凝縮された塩水

地中海の蒸発した水量は、今もなお河川や降水によって元の量に戻っていない。中新世の高温の気候ではなおさらだ。海水位が徐々に低下するとともに、塩分含有量は上昇した。地中海の生活条件は三〇万年のあいだに極度に悪化し、ついにはすべての海洋生物が死滅した。未知の二足生物がクレタ島トラチロスの砂に足跡を残したのも、この段階のときだった。海水位がゆっくりと沈んでいくのを、この生物は気づいていただろうか。それはまずあるまい。このプロセスは最初のうち非常に緩慢で、年間の低下値は一ミリよりずっと小さかったのだから。けれども、海水位低下によって海岸に生じた広大な潟地帯に心惹かれた、ということはあるかもしれない。五九七万年前に実際の塩分危機が始まるまで、ここで地中海最後の海鮮物を採集できたからだ[167]。この時点でリフ海路は幅一キロメートルそこそこ、水深一〇メートルしかなかった[168]。そのため、大西洋の海水はこの海路から十分に地中海に注ぎ込まなくなり、蒸発する水量を補えないという致命的な状況に陥った。

流入する海水のおかげで海水面の低下はゆっくりになると同時に、塩分[169]がさらに地中海に運び込まれた。それにより、海底には濃縮された塩水が溜まっていった。塩水はすでにかなり飽和し、石膏が凝結して[170]、スペイン、イタリア、さらにギリシャまで、地中海全域に蓄積した。地中海底の地層断面に存在する石膏層は、塩分危機があったことを示唆する最初のヒントだった。地中海の水はさらに飽和し、海底の石膏層の上に岩塩が堆積し始めた。塩の層はしだいに積み重なり、数カ所で三・五キロメートルという驚くべき厚さになった。現在の地中海の水を完全に気化しても、残存する塩の層は三〇メートルの厚さにしかならない。つまり、時の経過とともに百倍の塩分が大西洋からリフ海路を通って地中海に流入したことになる。

塩の重さは水の二倍なので、厚い塩の層は相当な重量を持つ。それにより海底は八〇〇メートル以上低下し[171]、結果として地中海沿岸部では地面が一八メートル上昇した場所もある。ケーキ生地の真ん中を押すと、周囲が上昇するのと同じ効果だ。リフ海路のある地域も上昇し、五六〇万年前、ついに干上がった。こうして地中海は大西洋から完全に切り離され、塩分危機はピークに向かう。ローヌ川、ナイル川などの大河から淡水が流入したにもかかわらず、高温気候のもとで海水面は年間約一メートル低下し、地中海は徐々に消失していった。最も深い海盆にだけ、濃度の高い塩水からなる海が残され、海水面は現在の地中海より二〇〇〇メートル低くなる。海底には最終的に炭酸カリウムが沈積し、地中海は事実上干上がった。

こうしてできた地中海地域の新しい光景は、どんなふうに見えただろうか。イタリア北部では、半砂漠植物が広がり始めた[172]。乾燥に強い草本は、地中海周辺の広域で繁殖可能だった数少ない植物に属する。気温は海抜に左右されるので、塩原表面の夏の平均気温は五〇度くらいだったと思われる。高温の空気は多量の水分を蒸発させる。深海盆のとくに北部と東部で多量の蒸気が上昇し、やがて温度が下がると、ヨーロッパ中部と東部に集中豪雨をもたらした。激しい雨は、高温であることと相まって、著しい熱帯性浸食を生じさせる。とくに顕著なのはバルカン半島で、現在も見られる黒みがかった赤色の地面は、浸食によって形成される鉄鉱石のためだ。気候モデルにより長期的な気候をシミュレーションすると、メッシニアン塩分危機によって風体系や嵐が強まり、グローバルな効果のあったことが確認された[173]。嵐は地中海東部で発生することが多く、多量の塵埃や塩を数千キロメートル離れた場所まで運んだ。たとえば、イランのザグロス山脈の麓に、干上がった地中海から吹き飛ばされた塩埃からなる一五〇〇メートルの層がある。

降雨の一部は、河川を通って再び地中海に流れ込んだ。河川の水は、半分空っぽの海盆に流入し、縁から地中深くに浸透する。こうして巨大な峡谷が形成された。これらの峡谷はのちに沈積物で埋まったが、地球物理学の方法によって可視化すると、ローヌ川からナイル川までの峡谷は最深で二キロメートルもある。つまりアメリカ合衆国にあるグランドキャニオンより深い。ナイル川を九〇〇メートルさかのぼったアスワンでは、ナイル川は地中七七〇メートルの深さまで達した[174]。

壮大な光景だったに違いあるまい。見渡す限り浸食と塩ばかり……現在の死海周辺地域と比較できるだろう。だが、メッシニアンの塩と峡谷の風景は一〇万年も続かなかった。地質学の尺度ではほんの一瞬にすぎない。変化の始まりは、北側の河川の水が干上がったエーゲ海に流入し、周辺地域にも浸水して、ついに現在のボスポラスの近くで黒海に貫通したことだった。塩分濃度の薄い黒海の水が、エーゲ海を通って干上がった高温の塩原に多量に流入してきた。半塩水には貝類や藻類が含まれ、とうとう地中海に生命がほんの少し戻ってきた。こうして〝大きな湖〟が生じた。

しかし、この状態も一〇万年と続かない。海盆の西部、ジブラルタルの付近でも、浸食が地形を変化させていった。最初は一本の小川が断層崖から滝のように流れ落ち、大西洋のある西側の基部をしだいに深くうがっていき、五三三万年前にとうとう突破口が開かれた。こうしてジブラルタル海峡ができ、大西洋の水が再び地中海盆に流入する。しかし、災害をもたらすできごとではなく、三〇〇〇年をかけて地中海は再び満たされた。メッシニアン塩分危機は、六六万七〇〇〇年で終わった。

アフリカのサバンナに生息する動物が移動した背景

塩分危機が始まる少し前に、未知の二足生物がクレタの半島に足跡を残した。この種の生物に、その後何が起こったのだろうか。気候と地形の激変を生き延びただろうか。猛暑や砂漠に似た条件を生き延びただろうか。それは知るよしもないが、地中海のすぐそばに生息する猿人にチャンスはなかったと推測される。故郷を捨てたのかもしれない。状況によってはアフリカの方向に。これは推測にすぎないが、メッシニアン塩分危機が、アフリカやユーラシアに生息するほかの多数の動物種の大移動を引き起こしたことは知られている。ウクライナの黒海沿岸で、現生のラクダやダチョウの祖先の化石が出土したが、これらは中央アジアの半砂漠に由来する動物だ。

ブルガリアでは、アジアから移住した大型のキリン科の動物シバテリウムの化石が見つかった。地中海地域の半砂漠から遠く離れた森のなかに、ヒヒくらいの大きさの未知のサルと、ヨーロッパの小型のオナガザルであるメソピテクスとともに生息していた。メソピテクスは、ピケルミ発掘地でも確認されている。このころ地中海地域西部に、アフリカからの移住者が現れた。イベリア半島とアフリカのあいだの海峡が干上がったとき、まずヨーロッパに渡ったのは、カバとナイルワニだった。この種の動物の化石は、ヴァレンシア近郊の発掘地でマカクやラクダの化石とともに発見された。[175] アフリカの動物界も、移住者によって変化する。ラクダ[176]が初めてアフリカ北部に到達し、ユーラシアのレイヨウのほか、クマやクズリといった捕食動物がアフリカ東部、さらにはアフリカ南部の生態系に移入した。これらは、旧世界において動物相の入れ替わりがあったことを実証する。始まったのはもっと前だが、メッシニアン塩分危機のあいだにピークに達した。これを引き起こしたのは、より短い新しい大陸間移動ルートができたこともあるが、生態系の境界や規模が変化したためでもある。

まとめてみよう。最新の研究結果によると、アフリカのサバンナ動物界は、ユーラシアのピケルミ動物相に由来することがわかる。[177] サバンナ風景のおおもとは、実際[178]にヨーロッパにあり、「エル・グレコ」の生活空間だったのだ。ライオン、ハイエナ、シマウマ、サイ、キリン、ガゼル、レイヨウといった、現在アフリカのサバンナに生息する特徴的な動物を見て、私たちは〝典型的なアフリカの動物〟と考えるが、これらの大部分はユーラシアに起源を持つ。レイヨウは移住後独自に発達し、無数の純粋なアフリカ種が生まれた。ライオンやハイエナは越境者で、アフリカとユーラシアをたえず行き来した[179]。過去五〇〇万年間におけるアフリカのサバンナ動物相[180]の起源がユーラシアにあるのなら、なぜ猿人だけを例外とするのだろうか。極端なアフリカ単一起源説とは違い、ヒト科の動物の祖先もやはり大陸間を行き来したことは、明らかではないだろうか。移動や新しい生活空間の獲得は、これまで考えられていたよりはるかに前から人類進化史の一部だったことは、実際にアジア出土の化石が証明している。移住と好奇心は、われわれの心の奥に住みついているのかもしれない。もしかすると、人間を人間とならしめた特性の一部ではないだろうか。

164. メッシニアンは、地質時代の中新世の最上部に位置する。今から七二〇〜五三〇万年前。
165. Hsü, K. J.: *The Mediterranean was a Desert.* Princeton University Press, Princeton 1983.
166. Roveri M., et al.: *The Messinian Salinity Crisis: Past and future of a great challenge for marine sciences.* In: Marine Geology, Vol. 352, 2014, p.25-58.
167. Krijgsman W., et al.: *Chronology, causes, and progression of the Messinian salinity crisis.* In: Nature, Vol. 400, 1999, p.652-655.
168. Meijer, P. Th.; Krijgsman, W.: *Quantitative analysis of the desiccation and refilling of the Mediterranean during the Messinian Salinity Crisis.* In: Earth and Planetary Science Letters 240 (2), 2005, p.510-520.
169. ここでいう塩分とは、塩化物や食塩ばかりでなく、硫酸塩や石膏も含まれる。
170. 石膏や硫酸カルシウムは、石灰石や炭酸カルシウムと同じく、海塩のなかで最も分解しにくいので、アルカリ溶液を蒸発させると岩塩の前に石膏が沈積する。最後に析出するのは塩化カリウム。
171. Govers, R.: *Choking the Mediterranean to dehydration: the Messinian salinity crisis.* In: Geology, Vol. 37, 2009, p.167-170.

172. Bertini, Adele: *The Northern Apennines palynological record as a contribute for the reconstruction of the Messinian palaeoenvironments.* In: Sedimentary Geology Vol. 188-189, 15 June 2006, p.235-258.

173. Murphy, L. N.: *The climate impact of the Messinian Salinity Crisis.* Dissertation, University of Maryland 2010.

174. Ryan, W. B. F.: *Decoding the Mediterranean salinity crisis.* In: Sedimentology, Vol. 56, 2009, p.95-136.

175. この発掘地はヴェンタ・デル・モロ。Morales, J., et al.: *The Ventian mammal age (Latest Miocene): present state.* In: Spanish Journal of Palaeontology 28 (2), 2013, p. 149-160.

176. 現在サハラ砂漠に生息するヒトコブラクダは、アジアのラクダを家畜化したもの。二〇〇〇年前にヒトによってアフリカ北部にもたらされた。

177. Kaya, F., et al.: *The rise and fall of the Old World Savannah fauna and the origins of the African savannah biome.* In: Nature Ecology and Evolution, Vol. 2, 2018, p.241-246.

178. シマウマは、ウマやロバと同じくウマ属に属する。ウマ属は北米で発生し、ユーラシアを通ってアフリカに到達した。

179. ライオンが有史時代までヨーロッパに存在したことは、ニーベルンゲンなどの伝説、紋章、絵画等から知られている。近東では、ライオンは約二〇〇〇年前に根絶されるまで存在した。ハイエナも似たような運命をたどり、現在ではカスピ海地域に少数生息する。

180. アフリカのサバンナの植物は少し違い、アフリカで独自に発達した。

第五部　人間を人間にするもの

第18章　自由になった手——創造が可能に

　ここで、進化の傑作である手に少し注意を向けたい。片手を持ち上げて眺めてみよう。指を開き、再び結び、いろいろ動かす。親指でほかの四本の指に触れ、手首を回す。問題なく一八〇度回転させられるはずだ。こぶしに握れば、親指は人差し指、中指、薬指に向き合い、支えとなる。これができるサルはいない。

　進化がこれまでにもたらした最も繊細かつ多様な把握・触覚器官である手を構成するのは、関節や靭帯でつながれた骨二七個、筋肉三三条、主神経枝三本、結合組織、血管、高度に敏感なセンサーをちりばめた皮膚だ。手のひらは分厚い腱膜で保護されているので、力強くつかむことができる。指が細長く繊細なのは、一つには筋肉がついていないから。糸でつながれたマリオネットさながらにリモコンで動く。じつは、非常に柔軟で弾性のある腱のはたらきで、腱は手のひらと前腕ばかりでなく、ずっと上の肩まで筋肉によって結ばれている。この設備が精巧な脳とつながっているおかげで、地球上のほかの動物にはできないことができる。火を熾す、非常に細かい穀物を地面から拾い上げる、裁縫、彫刻、網を編む、微小なネジを回してはめる、キーボードに入力する、ハンドボール・ゲームをしたり楽器を演奏したり、といったことだ。

　ここで特別な役割を果たすのが親指だ。親指は、ほかのどの指とも向き合わせられるので、つかむ、触れる、取る、しっかりつかまる、といったことに適している。母指手根中手関節は、球窩関節と同じくらい柔軟性を持つ。ヒトの親指は、遺伝的に最も近いほかの類人猿の親指より長く、頑丈かつ可動性がいいので、ピンセットで微小なものをつまむのにも、ペンチを握って物を切るのにも適している。チンパンジーも親指と人差し指の脇で物を挟むことはできるが、指先に力や〝感覚〟をこめることはできない。そのため、ペンやネジといった道具を親指とほかの指の先で挟んで適切に動かすことはできない[181]。

類人猿は木枝のような大きな道具を手のひらに押しつけるようにしてつかみ、前腕に直角に持つことはできても、ほかの可能性はあまりない。人間の手首はチンパンジーやゴリラのそれよりずっと動きがいいので、物体をつかんで前腕の延長の状態に保つこともできる。こうすれば打つ勢いははるかに強く、敵対者または危険な動物に近づくことなく、てこの力をフルに利用して骨を打ち砕けるだろう。

しかし、ヒトの手が特別なのは、可動性や親指の対向性ばかりではない。すぐれた感覚や触覚を持つからなのだ。指は独立の感覚器官のように使える。風や水の温度を感じ取れるし、指で触れることによって、暗闇でも鍵穴に鍵を差し込むことができる。肉眼では見えない凹凸を指先で発見でき、経験さえあれば、目を閉じても指先で本物のシルクと安物のフェイクシルク、またはレザーとフェイクレザーを判別する。接触すると、繊細なニュアンスがたっぷりと入り、受容体と神経路の密なネットワークを通して脊髄と脳に伝達される。指が知覚器官として目の代わりにもなることは、三歳で失明したオランダ人古生物学者ヒーラット・ヴァーメイによって実証された。海洋生態系および海の貝類を専門とする著名な科学者ヴァーメイは、化石を見たことはなかった。貝の形態学的構造全体ばかりか、土地の岩石状況まで、手で触れて調べた。目の見える科学者の多くが気づかなかったことを、彼は手で〝見た〟のだ。人間の手は進化上たぐいまれな感覚器官であることが、遅くともこれでわかる。

身体のどこの部位であろうと、感覚細胞が刺激を感じると、シグナルが大脳皮質の特定領域、つまり体性感覚皮質に到達する。こめかみからこめかみまでのひらたい帯だ。ヒトの体表は、どの一点をとっても脳内に対応する部分がある。皮膚のどの領域もそうであるように、手も神経細胞のいわば〝映像〟なのだ。神経路は脳に入るところで交差するため、身体の左側は右脳、右側は左脳を代表する。身体で隣接する領域は、大脳皮質でも隣接する。始まりは頭頂部で、足指と足底を投影し、終わりはほぼこめかみの高さで、唇、舌、咽頭を投影する。

しかし、〝映像〟の大きさは、体部の実際の大きさに比例しているわけではない。指や口など感覚細胞が密な部分は、脳内のエリアも大きい。ピクセル値の高いカメラなら解像度が高く、鮮やかな画像が仕上がるのと似ている。細かくコーディネートした動きがいらず、それほど敏感ではないほかの体部は、領域内のわずかな部分しか持たない。ここで、ヒトの体表が大脳皮質に占める面積に応じて地図を作成すれば、グロテスクにゆがんだ図になるだろう。矮小な胴体、巨大な手、異様に大きな親指を持つ、いわばホモンクルスだ。センサーがたくさん備わり、よく使われる皮膚領域は、脳にもそれが表れる。毎日ピアノを弾く人は、指の感覚およびコントロールのための大脳領域も大きい[182]。サルの感覚ホモンクルスを描けば、手ははるかに小さく、親指の占める割合は少ない。

われわれ人間の手は、解剖学的可能性という枠のなかで非常に敏感かつ高性能な臓器だが、それは何よりも脳のおかげといえる。手で物を正確に投げることができるのは、脳の複雑な運動制御、敏感さ、可動性の相互作用のおかげなのだ。腕、背中、臀部、脚の特定筋肉がそのさい一緒に働く。チンパンジーも枝やごみ、糞などを投げるが、数メートル先からバスケットボールをかごに入れるような正確さは、くり返し練習しても習得できない。偶然に入ることはあっても、狙って入れたわけではない。最初は石、のちに投げ槍を手で狙いどおりに投げる能力は、人類進化のプロセスでしだいに重要な意味を帯びていった。われわれの祖先にとって、ハンターとして成功するための前提条件だったのだ。

ヒトの手の起源

きわめて精密な器官であるヒトの手は、人類進化にとって直立歩行におとらない重要性を持つ。だが、どのように発達したのか。当然ながら、二足歩行のおかげで移動に手を使わなくなったことは、進化史を左右する決定的ステップとなった。それ以降、手は移動以外のさまざまな仕事に頻繁に使われるようになる。食料や子どもを運ぶ、水をくむ、住み処の建材を運ぶ、物を片手で持ち、もう片方の手で加工する、といった具合に。手を器用に使えば、子孫が生き延びるチャンスは高くなる。手の構築については、メリットのあるリフォームが自然淘汰によって残されていった。脳の発達と生体構造は、足並みそろえて進行する。手の骨、腱、筋肉、神経、しだいに繊細化する手の知覚能力、かなり精巧になった脳の運動コントロール……これらが微調整し合う。脳の容量も増加し、複雑化していった。

ヒトの手の進化については、七〇〇〇万年以上前の霊長類の系統図までさかのぼることができる。霊長類の手の発達の始まりは、地上に生息する小型霊長類の祖先においてだったと考えられる。果実、つぼみ、葉、昆虫など食物の豊富な木のこずえをしだいに征服していったのだろう。小さいものをつかむ能力を持つ個体は有利だった。

ヒトの手の発達が転換したのは、人類の進化ラインがチンパンジーのそれから分岐したときだ。最初の猿人の把握器官は、「ウド」の手にわりと近く[183]、現生チンパンジーの手とは大きく異なっていたと考えられる。というのも、チンパンジーの親指は短いのに対してほかの指は長いが、これはのちに樹上生活をするようになってからの適応だからだ[184]。類人猿がよく使うのはいわゆる鉤握りで、親指はパッシヴで、ほかの四本の指先が鉤のように曲げられる。このほうが枝から枝へと移動しやすく、長い親指は動きの邪魔になる。

初期のヒト属は、われわれのなじんだ生体構造の手を持っていた、というのが長いあいだ定説となっていた。そのもとになったのは、一九六〇年代前半にアフリカで発見された、数個の注目すべき化石だった。一九六四年五月、霊長類研究者ジョン・ラッセル・ナピール、古人類学者フィリップ・トバイアス、ルイス・リーキーの三人が発表した研究報告は、大きな反響を呼んだ。彼らは、タンザニアのオルドヴァイ峡谷における長年の発掘で、道具を作る最初の人類の残存物を発見し、そのなかに手の骨が多数含まれていた。これらは「ホモ・サピエンスの手に似ている」と、彼らは記述している。個々の骨から手を復元したところ、非常に頑丈な基節骨と特徴のある親指を持つことがわかったという[185]。一八〇万年以上前の、ヒトの手に似た化石が発見されたのは、当時は一大センセーションだった。

手の断片をおもな理由として、この化石は身長一二〇センチの原人ホモ・ハビリス〈Homo habilis〉に分類された。〝器用な人〟という意味だ。しかし、これについては現在もなお異論がある。同種に属する一連の歯が、どちらかというと猿人アウストラロピテクス属に適するからだ。だが、手の骨の特性についてては議論の余地はない。ヒトの手に非常に近く、比較的大きく可動性のいい親指。ジョン・ナピールは、著書『Hands』[186]（手）のなかで次のように記述している。

「親指のない手は、魚を突くスピアか、せいぜいアゴのきちんと締まらないペンチにすぎない。進化論的にみると、親指のない手は、親指を独立して動かすことができず、親指が任意の一本にすぎなかった六〇〇〇万年前の段階に戻る」

いくつか異論があるとはいえ、よく発達した手は、オルドヴァイ渓谷で発掘された同年代の荒削りの道具に符号する。器用な原人なのか、器用な猿人なのかはともかく、オルドヴァイ渓谷の住民は、二〇〇万年近く前に打ち石を使って先の鋭い礫器を作っていた。彼らの脳は、おそらくわれわれの脳の半分くらいで、手の機能性もまだ未成熟だったとはいえ、もはや純粋なサルの手ではなかったことはたしかだ。

当時彼らが生活していたサバンナに似た土地で、動きのいい手と簡単な石の刃によって、屍肉食という新しい生態系のニッチを占拠した。広大な草地には、有蹄類その他の大型哺乳類が無数にいて、よくヒョウ族の餌食となった。捕食者が食事を終えて去ったのちも栄養のある肉がまだたっぷり残っており、角の鋭い石器で切るか、または骨から削り取ることができた。おそらく、ハイエナやハゲワシが寄ってくる前に。
うまく機能するかどうかをテストするために、アメリカ人考古学者キャシー・シックとニコラス・トスは、アフリカ東部のサバンナを訪れ、原始的な石器を使って動物の死骸十数頭にメスを入れた。そのなかにはゾウ二頭も含まれる。死骸をさばいたようすを、彼らは次のように報告している。
「小さな溶岩のかけらで三センチ弱もあるスチールグレイのゾウの皮膚を切り裂き、栄養たっぷりの赤い肉を多量に切り取ることができたのは、大きな驚きだった。決定的なバリアを突破すると、肉を切るのはかなり楽だった。巨大な骨と筋肉には非常に硬く切りにくい腱や帯がついていたけれども」[187]
原始的な石器で肉を切るのは、少なくとも現代人の手では問題なくすばやくできる。食習慣の大事な要素に肉が加わったのは、人類進化の重要な一歩となった。それまでは食物の大部分を植物から得ていたと考えられるが、たんぱく質の摂取量が増えたおかげで健康は増進し、長期的には脳の成長にプラスになった。
ヒトに似た手が発生したのは二〇〇万年よりずっと前だったことを示唆するものが、ここ数年間にいくつか出てきた。たとえば、二〇一〇年にエチオピアで発掘された、三三〇万年前の動物の骨に、はっきりとした刻み目がついていたが、肉を切るか、骨から肉を削り取った跡に見えるのだ。[188]
だが、刻み目は噛んだ跡だと解釈する科学者もいる。その翌年、アフリカ東部のトゥルカナ湖西岸で三三〇万年前の石を発見した科学者は、加工されたものと解釈した[189]。オルドヴァイ渓谷で出土した礫器より大きくて荒削りだが、これより一〇〇万年後のオルドワン石器ですら発掘地の地質学的・考古学的関係性がなければ自然にできた小石のかけらと区別がつかないのだから、それよりはるかに古い石の妥当性ははっきりしない。

ライプツィヒに所在するマックス・プランク進化人類学研究所およびケント大学の科学者は、新しく開発された方法でヒト、チンパンジー、猿人の手の内部構造を比較した。骨の内部のスポンジ状の基質は、個体の生存中にかかる負担によってたえず再構築されるため、手がどのような動きをしたか、いくらか信頼性のある情報を読み取ることができる。研究によってわかったのは、アウストラロピテクス・アフリカヌスの親指および中手骨は、現代人のそれと似たつくりを持つことだ。三〇〇〜二〇〇万年前にアフリカ南部に生息したアウストラロピテクスは、そのおかげで物体をしっかりとつかみ、親指と残りの指で挟むことができたため、道具の使用が可能になった、と、科学者は推論している[190]。

「ヒト属の発生は、完全に新しい行動形態が生じたためではなく、アウストラロピテクスがすでに持っていた性質を強調したことに基づくと考えられる。そこには道具を作る、肉を食べるなどが含まれる。そのことを示す証拠がしだいに増えている」

と、マックス・プランク研究所のジャン・ジャック・フブランは説明する。

“把握”からジェスチャーに

手の役割には、触れる、作る、投げる、戦う、といった行為のほか、理解することも含まれる。これは人類進化の重要な側面だ。手の進化が言語の発生に大きく影響したことを示唆するものもある。直接的に証明はできないが、類人猿を観察したり、初めて言葉を口にする前の子どもが、欲することを手で表現しながら言語を獲得するようすを調査したりして、間接的に導くことはできる。

ヒトの場合、ジェスチャーは表現の基本要素であり、言語に先行し、言語とともに使われ、話す言葉を強調したり感情を伝えたりする。拒否や歓迎の合図を発したり、脅しや共感を表現したり、何かを求めたり暗示したりすることができる。また、聴覚障害者用の手話を使えば、話し言葉のほとんどを通訳できる。専門家の考えによると、ジェスチャーと音声は数百万年という年月をかけて、徐々に一つのコミュニケーション形式に発達し、たがいに補完して支え合ってきた[191]。

チンパンジー、ボノボ、ゴリラ、オランウータンも、ジェスチャーでコミュニケーションできるが、程度はかなり限られている。イギリス人科学者が最近行った実地調査では、野生のボノボにおける二〇〇〇以上の個々の観察から、三三種類のジェスチャーが認識された。大部分は、「それをよこせ」「そばに来い」「毛づくろいしてくれ」「つがおう」「もういい。やめてくれ」といった単純な要求で、ある行為を始める、または終わらせるよう求めるものだ。それなりの意味を持つこうしたジェスチャーの大部分は、チンパンジー、ゴリラ、オランウータンでも観察された[192]。まだはっきりしないのは、こうしたジェスチャーのどの程度までが生来のものか、それとも習得されたのか、ということだ。

マックス・プランク進化人類学研究所のマイケル・トマセロ所長の率いるチームは、二〇年前から言語の起源を探求している。ヒトとサルの行動を比較する実験をくり返し行った結果、ヒトのジェスチャーは、類人猿の単純な要求を表すジェスチャーをはるかに超えるものであることを確認した。サルが要求するのはすぐに自分の役に立つものだが、ヒトのジェスチャーは社会的関連性を持つことが多い。ほかの人たちにとって役立つかもしれないことや、社会的な意味を持つ考え方や感情などを示唆することもある。[193]

最初は利己的な動機に基づくジェスチャーだったが、人類が形成される段階のどこかで、経験、計画、興味、ルールなどを分かち合うためのシグナルが加わった。どの時期かを限定するのは難しいとしても。

「われわれのコミュニケーションの源は、何かを指し示そうとしたことにある[194]」

トマセロは確信する。

裂かれた動物の上空でハゲワシが輪を描くのを見て、栄養価の高い肉がそばにあることを示したり、滋養の高い草の根が土に埋もれていること、または探検中にグループから離れた子どもを指し示すといったことだ。

身振り手振りは最初のうち、狩りや子守りといった共通の行為をうまくコーディネートするために使われ、のちになって徐々に複雑な合図が生まれた。手をぱたぱたさせて鳥を表したり、腕を左右に揺り動かして赤ん坊を表したり、といった具合に。ジェスチャーは、やがて音声のある言語によって補完され、拡張された、というのがトマセロの説だが、これはアメリカ人心理言語学者デイビッド・マクニールの認識と一致する。

「ジェスチャーは基本的に、思考やイメージを身体の動きで表現したもの」と、マクニール。

つまり、手が自由になったことは、現在われわれの知る言語がそもそも発達するための前提だったということだ。

181. Suhr, Dierk: *Mosaik der Menschwerdung*. Springer. Berlin 2018.
182. Braun, Rüdiger: *Unsere 7 Sinne - Die Schlüssel zur Psyche*. Kösel, München 2019.
183. 「ウド」の完全な親指はまだ見つかっていないが、親指の中手骨はあり、人差し指や薬指の長さと比較すると、大きめ。
184. Almecija, Sergio; Smaers, Jeroen B.;Jungers, William L.: *The evolution of human and ape hand proportions*. In: Nature Communications, 14 July 2015.
185. Leakey, Louis S. B.; Tobias, Phillip V.; Napier, John R.: *A New Species of Genus Homo from Olduvai Gorge*. In: Nature 202,7-9,1964.
186. Napier, John: *Hands*. Princeton University Press, Princeton 1993.
187. Schick, Kathy D.; Toth, Nicholas Patrick: *Making Silent Stones Speak: Human Evolution And The Dawn of Technology*. New York 1993. Zitiert nach: Walter, Chip: Hand & Fuß - Wie die Evolution uns zu Menschen machte. Campus, Frankfurt/New York 2008.
188. McPherron, Shannon P.; Alemseged, Zeresenay, et al.: *Evidence for stone-tool-assisted consumption of animal tissues before 3.39 million years ago at Dikika, Ethiopia*. In: Nature, Vol. 466,2010, p.857-860.
189. Harmand, Sonia; Lewis, Jason E., et al.: *3.3-million-year-old stone tools from Lomekwi 3, West Turkana, Kenya*. In: Nature,Vol. 521, 2015, p.310-315.
190. Skinner, Matthew M.: *Human-like hand use in Australopithecus africanus*. In: Science, Vol. 347, 2015, p.395-399.

191. McNeill, David: *How Language Began: Gesture and Speech in Human Evolution*. New York 2012.
192. Graham, Kirsty E.: *Bonobo and chimpanzee gestures overlap extensively in meaning*. In: PLoS Biology, 16 (2), 2018.
193. Tomasello, Michael: *Die Ursprünge menschlicher Kommunikation*. Suhrkamp, Frankfurt am Main 2009.
194. 以下の番組からの引用。Brammer, Robert: *Im Anfang war die Geste - Vom Ursprung der Sprache*. SWR2 Wissen, 19. April 2010.

第19章　旅行熱――未知のものへの好奇心

好奇心と拡張欲は、現代人を特徴づけるものだろうか。それとも、数百万年にわたる進化史の一部なのか。今の地球上には、まずまず手つかずの状態で、限定的にではあっても〝原生地域〟と呼べるのは、全体の五分の一程度しかない[195]。残りは多少の差はあっても人間の手がかかっており、南極をのぞくあらゆる場所が人間の居住地となっている。到達するのが困難な地域ですら、考えられていたよりずっと早い時期に入植している。

はるかに離れた大洋の島々に人類の祖先が到達したのは、早くても数万年前というのがずっと定説となっていた。舟を構築して海を航行するためには技術や理解力がいる。大きな脳を持つ、解剖学的に新しいホモ・サピエンスでなければ無理ではないか、と推察されたためだ。初期のヒト属の祖先にこのような文化的業績が可能とは考えられていなかった。この説は当面のあいだ、考古学の発見物にも裏づけられていた。世界最古の舟は、オランダのペッセで発見された中石器時代の丸木舟で、一万年前のものだ[196]。しかし、これは泥炭地の小さな水地用で、海洋に適さないことは明らかだった。

ホモ・サピエンスが最初の船乗りであり、最初の発見者だったという推測は、アジアにおける一連の発掘物によって揺るがされた。それによると、海峡を航行する能力は、驚いたことに一〇〇万年以上前に生存したヒト属の代表種も持っていたらしいのだ。最も有名なのは、インドネシアのフローレス島で二〇〇三年に発見されたフローレス人で、「ホビット」というあだ名で世界中に知れ渡った。フローレス人は、未知のヒト科の動物であるばかりか、既存の人類進化論のどの説とも一致しない[197]。私は、謎のヒト属をみずからイメージしたかったので、二〇一五年の春、雨季が終わるのを待ってインドネシアに出発した。

ほんものの「ホビット」を訪ねて

赤道からわずか八度南に位置するフローレス島は、地球上で最もテクトニクスの活発な地域における火山活動によって形成された。オーストラリアプレートが、年間六〜七センチの速度でユーラシアプレート南東端の下部に移動したために、インドネシア南部に数千キロメートルもある巨大な島弧が生じた（二二一頁の図参照）。火山活動のほか、季節によって変化するモンスーンも、フローレス島の地勢や植生を形成する。

そのため、非常に多様な地形のミックスが生じた。鬱蒼とした小規模の熱帯林は、ヤシの木がまばらに生えるだけの開けたサバンナとなった。島の西部にあるこのような領域に、コモドオオトカゲが生息する。最大三メートルにもなるコモドオオトカゲは、最大の現生トカゲであり、フローレス島の東に位置する小さなコモド島にちなんで名づけられたが、生息地はかなり広い。スイギュウすら倒すことのできる〝生きた化石〟と出会うだけでも、インドネシアまで旅をする価値はある。

だが、心惹かれるのは、「ホビット」が発見されたリアンブア洞窟だ。フローレス島内地にあり、到達するにはかなり冒険的なドライブによるしかない。フローレス島の道路網は整備が悪く、数少ない舗装道路では、ピックアップトラックが猛スピードで走行する。海岸で採れた魚をなるべく速く配達することしか頭にないみたいに。しかし、主要道を離れると、光景は一変する。道はでこぼこで、車はゆっくりとしか進めない。そのおかげで、魅力的なフローレス島の風景を落ち着いて眺めることができた。島の大部分は昔からの田舎の特徴を保ち、観光地と呼べそうなのは数カ所に限られている。印象的なのは、なだらかな丘に完璧におさまった、みずみずしい緑色をしたクモの巣状の田んぼ。フローレス島にしかないスパイダー・ライスフィールドは、古くからある独特な稲作によってできたものだ。

　三時間ほどドライブすると、道はくねくねと蛇行し始めた。細いつづら折れの道が進むのは五〇キロメートルの火山列で、最も高い山頂は標高二四〇〇メートルもある。成立してわずか三〇〇万年の島にしては、注目すべき高さだ。プレートテクトニクスと火山活動によって、フローレス島は現在も年間〇・五ミリメートル弱移動している。[198]山脈北側の傾斜部で、とうとう石灰岩塊に到達した。無舗装の道は、前回の雨でまだぬかるんでいる。ジャングル内を流れるワエラカン川が、石質の地下一〇〇メートルの深さを流れ、小さな村が点在する。檳榔樹がアンテナのように植生から突き出ているので、遠くからでも村は見分けられる。

　同行者とともに四時間と少し歩いたのち、ワエラカン川に渡された金属製の橋を渡った。さらに三〇〇メートル先に木の小屋があり、〈Museum Mini Lian Bua〉と書かれた表札がある。「Mini」というのがリアンブアの小人を意味するのか、小屋が小さいことを指すのか、はっきりしない。だが、それを解明する暇はなかった。入口にコルネリス・ジャマン館長が私たちを待っていたからだ。コルネリスは、二〇〇一年からリアンブア洞窟における発掘作業のほとんどすべてに参加し、発掘のない時期には、訪問客を博物館と洞窟に熱心に案内してくれる。

〝ミニ博物館〟のすぐ背後の斜面の、ワエラカン川から四〇メートル上方に、高さ二五メートルほどのアーチ形をした堂々たる洞窟がある。アーチのへりに立派な鍾乳石が垂れ下がっているようすは、テーブルクロスのフリンジといったところか。だが、もっと見事なのは、洞窟内部の眺めだ。リアンブアは山の内部に通じるカルスト洞窟システムではなく、直径平均四〇メートルの釣鐘型のドームで、緑色に輝く森の光が奥のほうまで射し込む。鍾乳石に苔や藻が生え、たいらでほこりっぽい地面は茶色みを帯びている。コルネリスが長方形のくぼみを指し示した。個体「LB1」の骨が、深さ六メートルの地中に発見された場所。それまでに見つかったどの化石とも違うことは、発見後すぐに明らかになった。同時に、人類進化史のどの位置に「ホビット」を置くべきかという論争が始まり、現在もなお解決していない。

この議論を概観してフローレス人の意味を語る前に、化石の生体構造の特性を観察して、「ホビット」時代におけるフローレス島の特異な古環境について考察したい。

骨格「LB1」は、身長一〇六センチ、体重三〇キロのメスの個体に属する。この数値は、アフリカの「ルーシー」やアルゴイの「ウド」と近い。脳の大きさは四〇〇立方センチメートルなので、脳が小さいという点でも猿人やチンパンジーと共通している。[199] 骨格のほかの特性も、やはり進化初期段階を示す。[200]「ホビット」の腸骨や手首は「ルーシー」のそれを思わせ、足底弓がまだ発達していなかったことを示唆するものがいくつかある。これも、やはり最も初期のヒト属の特徴に含まれる。[201] 頭蓋冠も現代人のそれよりずっと厚く、肩の構造もどちらかというとホモ・エレクトスのそれに近い。[202] 腕はほかの猿人や原人よりも長く、むしろサルの腕に似ている。

足がことのほか大きいのは、「ホビット」というあだ名にぴったりで、大腿部の七〇パーセントもある。現代人の足は、大腿部の長さの半分に満たない。身長一七〇センチのフローレス人の足の長さは、三二センチもあることになる。靴のサイズでいうと五〇で、現代人でこれを履くのは身長二メートル以上ある人くらいだろう。大きな足を持つフローレス人は、歩行のさい脚をかなり持ち上げなければならず、現代人のように速く走ることはできなかったはずだ。「ホビット」の歯や歯根、顎のかたちを見ると、アウストラロピテクスや、ジョージアの有名な発見地ダマニシで出土し、現在もたくさんの謎を持つ原始的な原人と似た部分がある。要するに、「ホビット」はアフリカやユーラシアで発見された無数の化石からなるモザイクの一片といえる。

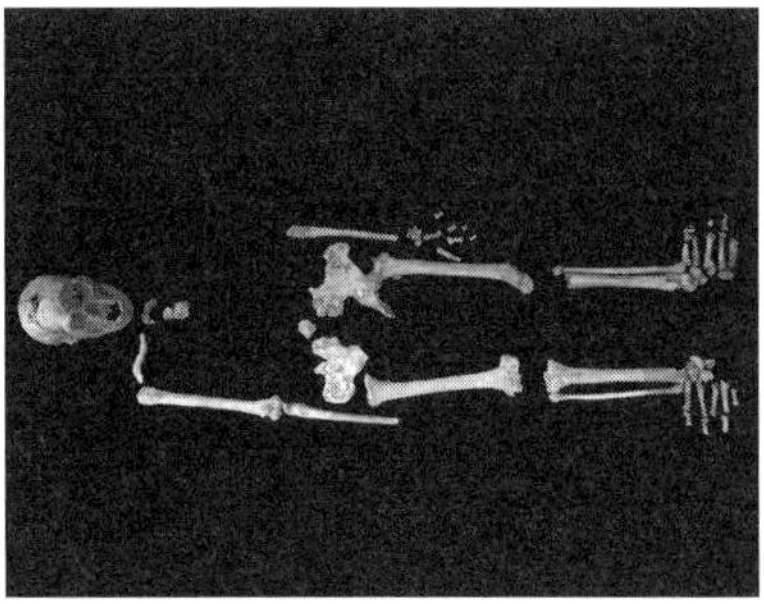
図25 「ホビット」として知られるフローレス人「ＬＢ１」の骨格

さまざまな特徴の奇妙な混交に説明がつかないので、フローレス人は病気によって変形したホモ・サピエンスではないかという意見が早々に生まれた。この説の擁護者は、次のように説明する。小人症、小さな脳、骨の変形といった症状を引き起こす遺伝疾患などの病気がたくさんあることは医学では知られているが、そうした病気は初期のヒト属にもあったはずだ、と。当初、年代決定もこの解釈に符号した。発見者が出した年代は一万八〇〇〇年前で、フローレス島にはすでにかなり前からホモ・サピエンスが定住していた。また、骨とともに手の込んだ石器が出土し、火の使用を示唆する跡も見つかった。どちらもまさに高度に発達したヒト属を示唆するもので、フローレス人の小さい脳と矛盾する。結局この発見は、原始の原人は海峡を渡ってフローレス島へ到達することはできなかったのではないかという推測に適合する。最後の氷河期のピーク時に海水位が一二〇メートル低かったときも、フローレス島は存在していた。

二〇一六年、地質学の重要な特徴が明らかになる。最初の発掘チームが見落としたものだ。五万年前に形成された浸食面が、堆積物に斜めに伸びている。つまり、骨が埋まっていた層は、自然の浸食によっていったん出土し、のちに再び堆積物に埋もれたということになる。「ホビット」と同じ層に石器や木炭の残存物が見つかったのも、これで説明がつく。そこで科学者は、「LB1」をさらに精密に検査するとともに、二〇〇三年以降にリアンブア洞窟から出土したほかの一四個体の「ホビット」についても分析を行った。その結果、洞窟内で発掘されたホモ・フローレシエンシス(フローレス人)は、すべて一九万五〇〇〇万年前から五万年前までのものであるとわかった。[203] ホモ・サピエンスがフローレス島に到達したのは四万六〇〇〇年前なので、「ホビット」は小形で奇形のホモ・サピエンスではないことになる。[204]

「LB1」は病気によって変形したホモ・サピエンスであるという仮定に反する論拠はほかにも多数ある。フローレス人の代表者がリアンブア洞窟で生息していた一五万年間に、健康でない個体の骨だけが偶然に残された、ということはまずあるまい。二〇一四年、フローレス島中心部の、リアンブア洞窟から八〇キロメートル離れたソア盆地で、フローレス人によく似た三個体[205]の化石が出土した。七〇万年前のもので、リアンブア洞窟の「ホビット」よりさらに背が低く、八〇センチしかなかったらしい。同じ発掘地から一〇〇万年以上前の石器も発見された[206]ので、フローレス島には一〇〇万年以上前から小型のヒト属が生息していたことになる。

洞窟見学を終え、コルネリスとともに〝ミニ博物館〟に向かいながら、私はこうしたことを考えていた。博物館のショーケースのなかに、「LB1」の見事にそろった骨格が鎮座している。オリジナルはジャカルタに所蔵されており、コピーにすぎないのだが、それでも人類進化の証を前にして、私は畏敬の念をおぼえた。個々の骨が発掘された状況や、発掘者たちが当初どのような問題と取り組んだか、といったことを、コルネリスが詳細に説明してくれた。じめじめした洞窟の土のなかで、骨は湿気を含んでもろく、バターのように柔らかい。発掘作業の最初に使用した接着剤や岩石硬化剤は、湿った物質には適さず、多数の骨がダメージを受けた。展示された写真を見ると、化石を乾燥させるためにホテルのベッドにまで新聞を敷き、そこに広げられたことがわかる。

ピグミー・エレファント、ジャイアント・ラット

「ホビット」は病気で矮小化したヒトではないとすると、いったい何だったのか。重要なヒントを与えてくれたのは、洞窟で発見されたほかの化石だった。化石の一部は、〝ミニ博物館〟にオリジナルが所蔵されている。ゾウ、鳥類、爬虫類、ネズミなどの残存物……驚いたことに、これらは

みなかなり小さいか、大きすぎるかのどちらかなのだ。たとえば、当時アジア全域に生息していたステゴドン属のゾウを見てみると、リアンブア洞窟で出土したものは肩の高さ一・五メートルしかない。アフリカゾウとほぼ同じ大きさである従来のステゴドンのミニチュア版といえる。それに対して、鳥類や爬虫類、ネズミは非常に大きい。たとえば、一・八メートルもある絶滅種アフリカハゲコウの骨が洞窟内で発掘された。このコウノトリ科の鳥の現生種は、せいぜい一・五メートルしかない。また、フローレス島のアフリカハゲコウの骨は高密度で重いので、飛翔できなかったらしい。[207] コモドオオトカゲについても、洞窟出土のものは現生の最大の個体より五〇パーセント大きい。そのほか、巨大なネズミ三種がある。洞窟内で見つかった哺乳類は、「ホビット」とゾウのほかにはそれだけだ。最も大きいのは現在もフローレス島に生息するフローレスオオネズミで、頭から尻尾の先まで八〇センチ以上もある。[208] 肉は昔から食用として住民に好まれている。博物館をひととおり見学したのち、近所にあるコルネリスの自宅に招待されたときに、私もその肉を賞味した。

「ホビット」時代のフローレス島のイメージは、本当に謎に包まれている。生息するのはわずかの脊椎動物。アジア大陸に生息する系統的に最も近い種と比較すると、ヒトやゾウのように非常に小さいか、またはアフリカハゲコウ、オオトカゲ、ネズミのように異様に大きいかのどちらかだ。では、この奇妙な動物界はどのように発達したのだろうか。フローレス島を囲む海は非常に深いので、島に到達するには最初から海路しかなかったはずだ。そのうえ、島の周囲には、世界で最も強い海流といわれるインドネシア通過海流が流れている。これは一種のヒートポンプで、地球気候系の重要な要素といえるだろう。毎秒一五〇〇万立方メートルの温暖な太平洋の水が、フローレス島のそばを通って寒冷なインド洋に移動する……一五〇億リットルという驚くべき水量。それでもなお、発掘された動物はすべて、外から渡ってきた移民なのだ。ゾウ、コウノトリ、ネズミは西部のインドネシアから、オオトカゲはオーストラリアから、といった具合に[209]。

鳥類は空を飛べるので問題ないが、ステゴドンは泳いで渡ったはずだし、ネズミのような小型哺乳類は、嵐によって生じる流木に乗って来たのかもしれない。ひとたび島に来れば、孤立した生活空間に適応するしかない。ゾウのような大型動物は、小型化することで餌の量を減らした。こうして総数は保たれ、遺伝的多様性を維持することができた。ふつうサイズのままで個体数が減少すれば、いずれは近親交配のために絶滅したのではないだろうか。

オオトカゲやアフリカハゲコウのような屍肉食動物の場合、フローレス島には餌を取り合うライバルがいなかった。ほかの環境なら、ネコやハイエナに餌動物や屍を取られることもあるが、フローレス島のアフリカハゲコウは飛ばなくても十分な餌にありつけたのだろう。そこで身体が大きくなり、飛ぶことをやめた。オオトカゲにとっても快適で、もっと大きく育ちさえすれば、小型化したゾウを狩ることもできた。雑食で適応能力に優れたネズミにとっては、もっと楽だったのではないかと思われる。餌は地面や樹木にいくらでもある……巨大化するのに最適な前提なのだ。つまり、陸生動物による島の入植は珍しいことではなかった。たとえ距離が大きくても、フローレス島周囲の海峡のように条件が厳しくても[210]。

「ホビット」が外洋に

ヒトはとくに泳ぎが得意ではないし、大陸から離れた島で少数の個体が長期間定住することはできない。「ホビット」のケースでは、一〇〇万年にわたって定住している。近親婚を避けるには、最初にある程度の個体数を必要とする。[211] ヒトが入植し、長期間うまく存続するのは並はずれた文化的行為で、自由意志や計画された行為、生物学の知識を前提とする。まず、グループ内の誰が旅をするか。経験の豊富な年配者か、それとも生殖力の高い若者か。新しい生活空間にうまく定住するには、男女それぞれ何名づつ連れて行けばいいか。未知の世界への旅に、道具や食料をどのぐらい持参するべきか。現代のわれわれにとっても頭の痛いロジスティクスの問題だ……月や火星に入植すると考えると。今から一〇〇万年以上前の初期のヒトたちにそのような能力があったのだろうか。計画を語り合うには高度化した言語がいる。そのため、人類文化の初期についてのそうした想定は、十分に考察する必要があるだろう。

〝どうやって〟大洋を渡るのかと訊かれれば、すぐに舟や筏といった技術を思い浮かべる人も多い。だが、島に到達する方法はほかにも考えられるし、証明もできる。たとえば、ゾウは一種の〝シュノーケル〟を持つので、多数の島の植民地がゾウとヒトによって密接につながっていた潜在性があることを、オランダ人古生物学者パウル・ソンダールが早くも一九八〇年代に指摘している。[212] ゾウが泳ぐとき、身体の大部分は水中に沈む。見えるのは後頭部と、たまにだが背中の一部くらいだろう。このとき、上に伸ばした鼻がシュノーケルの代わりとなって、水中でも呼吸できる。ゾウはこのようにして数十キロメートル泳ぎ渡る能力を持つ。一八世紀のオランダ人旅行者による銅版に、島国インドネシアの住民が隣の島への輸送手段としてゾウを利用するようすが描写されている。マフートと呼ばれるゾウ使いが一頭の背に立ち、長い手綱で御しながら海を渡っていく。

インドネシアにおける古生物学調査は、パウル・ソンダールの影響を強く受けてきた。それによると、過去二〇〇万年間、インドネシアのほとんどすべての島にゾウやステゴドンなど長鼻目が生息したことがわかっている。それは地中海地域についてもいえる[213]。島に到達した大型哺乳類はゾウとヒトだけだった、というケースも珍しくない。南アフリカの著名な古人類学者フィリップ・トバイアスは、そこから次のような因果関係を引き出している[214]。ゾウが迷うことなく海岸に向かって進み、そこから海を泳いで水平線の彼方に消え、再び戻らないようすを、すでに猿人や原人が眺めた可能性もある。遠く離れた島から届く同種の動物の音響シグナルやにおいを感じ取り、それを追ったのかもしれない[215]。そこで、大昔のヒトは動物に接近し、やがて背に乗って海峡を渡ることに成功した。ヒトとゾウが親密な信頼関係を築けることは、マフートと使役動物が生涯を通してつき合うのを見ればわかる。

「ホビット」の起源

こうした考察は、「ホビット」の解釈にどのような意味を持つだろうか。「ホビット」は偶然にフローレス島に漂着し、新しい環境で資源が乏しかったために小型化した、生粋の島民ではないだろうか。この意見に最初は誰も耳を貸さなかったが、現在では「ホビット」は矮小化した種であると考える科学者は多い。彼らの説によると、小柄なフローレス人は、すでに一五〇〇万年前にジャワ島に生息した大柄なホモ・エレクトスに直接由来する。[216]ということは、ホモ・エレクトスの一部がなんらかの方法で海を渡ってフローレス島にたどり着き、ステゴドンと同じく矮小化したことになる。その証拠として、フローレス島に大型餌動物がいないことが引き合いに出される。事実、「ホビット」の主要栄養源はオオネズミだったらしく、リアンブア洞窟内で約二〇〇〇個体のネズミの残存物が見つかった。いくら大きいとはいえ、ホモ・エレクトスのようなふつうサイズの原人にとって十分な生活基盤とはいえまい、という理由づけができるだろう。しかし、手の加わった小型ゾウの骨も洞窟内で出土した。つまり、「ホビット」は時々ステゴドンを仕留めたのだろう。小型とはいえ体重は四〇〇キロ近くなので、これだけの肉があれば大柄な原人の食生活をまかなえたと思われる。それに、鳥の卵や昆虫を採取したり、海岸で貝類を集めたりしてもっと栄養をとれたはずだ。

だが、すでに見たように、フローレス人の骨格には、ホモ・エレクトスのミニチュア版であることを示唆するものはない。そのため、最新の系統発生論の研究ではこの説を捨て、フローレス人をヒト属の最初期に位置づけている。[217]著者は、可能性として二つのシナリオを想定した。第一のシナリオは、「ホビット」は一七五万年前にアフリカに存在したホモ・ハビリスと共通の祖先を持つ、というもの。第二のシナリオによると、「ホビット」は二八〇〇〜二〇〇〇万年前の、ヒト属系統の最初期に属する。ただし、アフリカにおけるこの段階の〝初期のヒト属〟に属する有益な発掘物は非常に少ないのだが。この解釈は、インドや中国で見つかった、最古のもので二六〇〇万年前と測定された石器と符合する。〝謎のサル〟と呼ばれる、長江地域で出土したホモ・ウシャネンシス〈Homo wushanensis〉（巫山人）が使用したと考えられるものだ。このシナリオでいくと、フローレス人は特

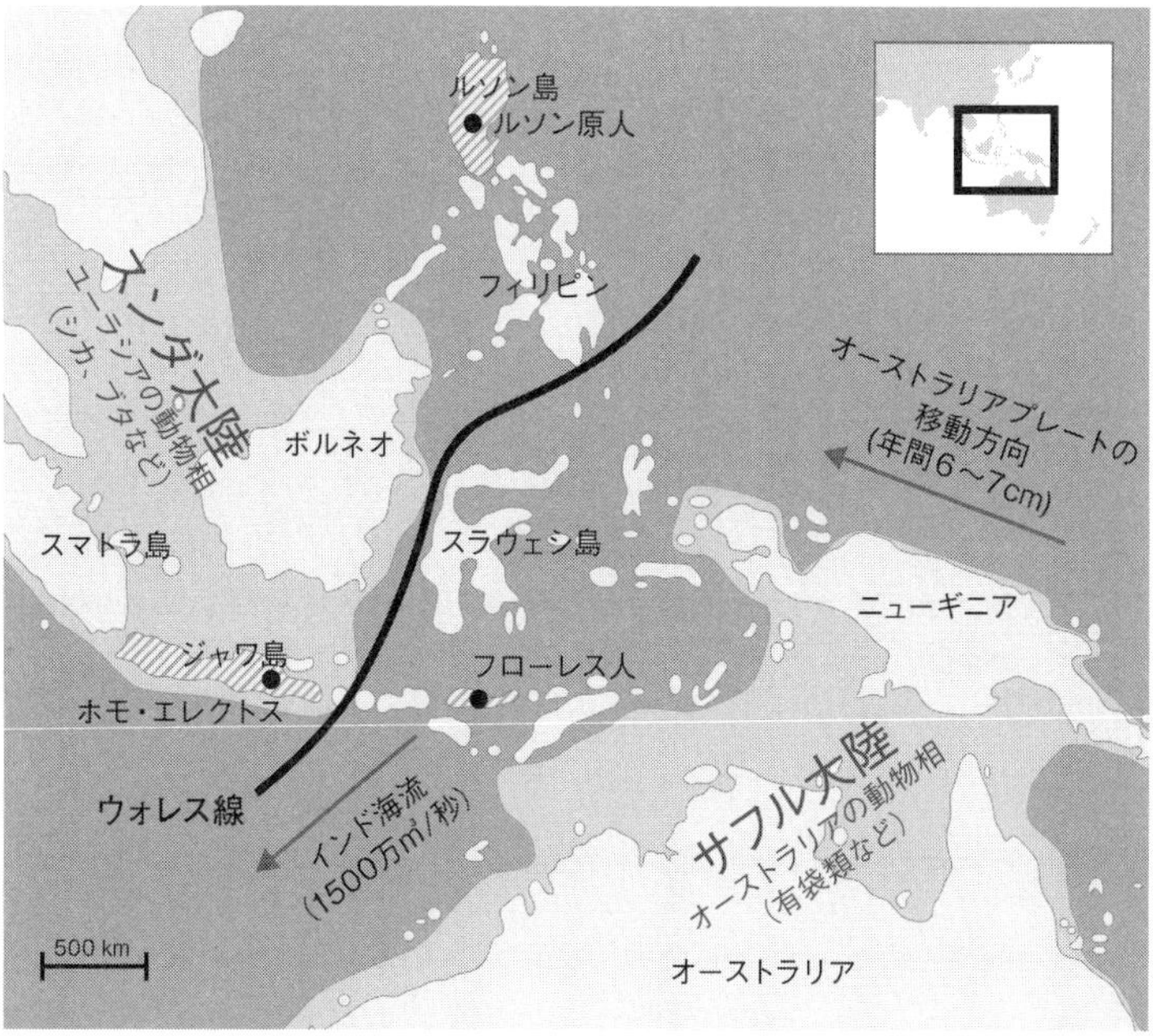

図26　ウォレス線と絶滅したヒト属

別に小柄というわけではない。猿人や原人の多くは身長一メートルそこそこしかなかった。「ルーシー」やクレタの足跡化石の主にもそれはいえる。せいぜい一・五メートルという小柄な身体は、猿人や原人の特徴なのだ。今から一七〇万年前のホモ・エレクトスで、初めて身長一・七メートル以上に達する。[218]

あらたな小人

原始のヒト属がすでに東南アジアの島々に定住していたという仮説は、近年出土したあらたな化石によって裏づけられる。二〇〇七年、フィリピン最大の島であるルソン島にあるカラオ洞窟で、現在の地面から二・八メートル下でヒトの中足骨が発見された。[219]科学者の本来の研究目標は、今から約四〇〇〇〇年前にこの地域の人々がどのようにして狩猟採集生活から牧畜に移行したのかを調査することだった。だが、驚いたことに、洞窟内の地層は考えられていたよりはるかに古いものだった。深さ一・三メートルの層に、二万六〇〇〇年前の石器や動物の骨、火床が見つかったのだ。それより下の層から出土したヒトの骨は、六万七〇〇〇年以上前のものであるとわかった。予想外の発見ののち発掘は拡張され、二〇一一年、あらたなヒトの化石が発見された……上顎の歯列、手指の骨二個、足の骨二個、大腿骨の断片、単独の歯二個だ。[220] これらの骨は、成体二個体と若者一個体のもので、それまで知られていなかった種、ホモ・ルゾネンシス（ルソン原人）に属する。

　これらの化石が特殊なのは、これまで知られているヒトの生体構造と合致せず、原始的な特徴と進化した特徴の交じり合う完全に新しいモザイクであることだ。たとえば、上顎についた歯は、フローレス人のそれよりさらに小さく、歯冠は現代人のものに似ている。ところが、上顎小臼歯の歯根は三俣に分かれている。これは原始的な特徴で、類人猿や猿人にしか知られていなかったものだ。また、第一大臼歯が第二大臼歯とくらべてかなり大きいのも、それまでは類人猿、アルゴイ出土の「ウド」、〝くるみ割り猿人〟とも呼ばれるアフリカのパラントロプスにしか知られていない。

　いちばん興味深いのは、ルソン原人の指の骨二個だろう。謎の生物の指は非常によく曲がるので、木登りは得意だったはずだ。これもやはり、類人猿、猿人、アフリカに生息した初期のヒト属のみに知られていた特徴である。ルソン原人の指関節は、完全に伸ばしてそらせることができない。これまで発見された例のない性質だ。足指も湾曲し、腱の付着部は、足指を曲げられるよう強靭になっている。それでもなお、形態的には直立歩行をしていたらしい。最も近いのは原人アウストラロピテクスといえるだろう。

発掘物の最新状況に照らし合わせると、ルソン原人は木登りのできる二足歩行のヒト科の動物となる。ちょっと見には有名な「ルーシー」に似ているが、歯の特徴がずっと進化していることから、ヒト属に含まれる。

だが、アフリカの猿人および初期のヒト属が消滅してから数百万年後に、このようなあいのこがルソン島に生存したのはどうしてだろうか。事実、ルソン原人がかなり前にフィリピン諸島に渡ったことを示唆するものが見つかった。ルソン島北部で発掘を行った別の研究チームが二〇一八年に発表したところによると、[221] 七〇万年前の完全に解体された絶滅種のサイ〈Rhinoceros philippensis〉が出土したという。わずか六平方メートルの面積に骨全体の四分の三が分散し、肋骨と中手骨に切り痕がある。石器で肉を切り、腱から切り離した典型的なしるしだ。また、大きな上腕骨二個には打撃痕がある。骨を打ち砕き、脂肪やたんぱく質の豊富な骨髄を取り出したと思われる。それだけではない。骨の周辺に旧石器時代の石器五七個も見つかった。自然石を打ち砕いた礫器と、割れ落ちた破片または切りくずなどの打製石器だ。「ホビット」のケースと同じく、ルソン島でもホモ・エレクトスの矮小化が生じたのではないかと憶測された。[222] しかし、化石の生体構造の特殊性を考慮すると、そうではないことはここでも明白だった。

アフリカに生息した原始のヒト属や猿人は、いつも地上で生活したわけではない。一メートルそこそこという小柄な身体で、主として樹上で生活していた彼らに、地球の反対側まで移動することが可能だったのだろうか。除外はできないが、もともとユーラシアに由来するのなら、アフリカを離れる必要はなかったことになる。ヒト科の動物の進化は、アフリカではなく、広大なユーラシアの草原生態系に由来するかもしれないではないか。現在では、フローレス人とルソン原人の発見によってアフリカ単一起源説は無効になったと表明する科学者もいる。[223] アフリカ単一起源説によると、ホモ・エレクトスの段階になって初めてアフリカを離れたわけで、それ以前の段階のヒト属はアジアやヨーロッパに足を踏み入れていないことになるからだ。アフリカから世界に拡散したといわれる二百万年以上前には、すでに毛皮がなく脚の長い原人に進化しており、体格はわれわれとほぼ同じで脳もかなり大きくなっていた、ということだ。だが、多数の人々がイメージするような、直立歩行のヒトによる新世界へ向けての華々しいアフリカ出発は、おそらくなかったのだろう。

　しかし、重要な疑問がまだ残っている。海岸から見ることもできないはるか彼方の島に移住するという思い切った行為に出たのは、そもそもなぜなのか。[224] おそらく、未知の世界や新しい生活空間を征服したいという欲望、あるいは旅行熱は、これまで考えられていたよりずっと古く、最初から私たちに内在したのではないだろうか。現在に置き換えるなら、人類はなぜ火星に移住しようと考えるのか、ということになるだろう。これらの疑問の答えは同じかもしれない。可能だから、ではない。火星への移住はまだ不可能でもある。心に思い浮かべることができるから、なのだ。理性のおかげで架空の状態を想像し、未知の世界や場所や状況を思考のなかで構築し、感情的または精神的なエネルギーと結びつけることができるから。彼方について、未知のものについて想像すること……これが人類進化の認知的な原動力だ。このおかげで、必要に迫られなくても極限に近づき、時には生物学や自然の限界を超えることもある。

195. Braun, Rüdiger: *Der Menschenplanet.* Frankfurt/Main 2015.

196. ペッセはオランダ北東部に位置するドレンテ州の小さな村。一九五五年に発見された丸木舟は、長さ三メートル、マツの幹から石器で削られたもの。旧泥炭地の、積もった泥炭のなかに埋まっていた。Gerding, Michiel: *Het Drenthe boek.* Hrsg: Drents Archief, Waanders, Zwolle 2007.

197. Brown, P., et al.: *A new small-bodied hominin from the Late Pleistocene of Flores, Indonesia.* In: Nature, Vol. 431, 2004, p.1055-1061.

198. Aziz, F.; Morwood, M. J.; Van Den Bergh, G. D. (Eds.): *Pleistocene Geology, Palaeontology and Archaeology of the Soa Basin, Central Flores, Indonesia.* Bandang: Geological Survey Institute,2009.

199. Kubo, D., et al.: *Brain size of Homo floresiensis and its evolutionary implications.* Proceedings of the Royal Society, 7 June 2013.

200. Jungers, W. L., et al.: *Descriptions of the lower limb skeleton of Homo floresiensis.* In: Journal of Human Evolution, Vol. 57, 2009, p.538-554.

201. Tocheri, M. W.: *The Primitive Wrist of Homo floresiensis and Its Implications for Hominin Evolution.* In: Science, Vol. 317, 2007, p.1743-1745.

202. Larson, S. G., et al.: *Homo floresiensis and the evolution of the hominin shoulder.* In: Journal of Human Evolution, Vol.53 (6), 2007, p.718-731.

203. Sutikna, T., et al.: *Revised stratigraphy and chronology for Homo floresiensis at Liang Bua in Indonesia.* In: Nature, Vol. 532(7599), 2016, p.366-369.

204. Sutikna, T., et al.: *The spatio-temporal distribution of archaeological and faunal finds at Liang Bua (Flores, Indonesia) in light of the revised chronology for Homo floresiensis.* In: Journal of Human Evolution, Vol. 124, 2018, p.52-74.

205. van den Bergh, G. D., et al.: *Homo floresiensis-like fossils from the early Middle Pleistocene of Flores.* In: Nature, Vol. 534, 2016, p.245-248.

206・Brumm, A., et al.: *Hominins on Flores, Indonesia, by one million years ago.* In: Nature, Vol. 464, 2010, p.748-752.
207・Meijer, H. J. M., et al.: *Late Pleistocene-Holocene Non-Passerine Avifauna of Liang Bua (Flores, Indonesia).* In: Journal of Vertebrate Paleontology, Vol.33, 2013, p.877-894.
208・Locatelli, E., et al.: *Pleistocene survivors and Holocene extinctions: The giant rats from Liang Bua (Flores, Indonesia).* In: Quaternary International, Vol. 281, 2012, p.47-57.
209・ホモ・サピエンスによってイノシシ、ヤマアラシ、ジャコウネコなどの動物がインドネシアにもたらされたのは、今から数千年前。その後、クマネズミ、犬、マカク、シカ、牛、スイギュウも運ばれた。
210・よく知られた例がガラパゴス諸島で、南米から一〇〇〇キロメートル離れた島々に陸生の巨大なゾウガメが生息する。アフリカから一三〇〇キロメートル離れたセイシェル諸島も同様。スペインから距離のあるカナリア諸島にも大陸に由来する巨大なトカゲが棲むほか、マダガスカルにかつてカバが存在した。
211・爬虫類は単為生殖なので、新しい島に移住するのはわりとやさしい。メスがいれば新しい集団を形成できる。
212・De Vos, J.; Reumer, J. W. F. (Eds.): *Elephants have a snorkel!* In: Deinsea, Vol.7, Rotterdam 1999.
213・かつてはシチリア、クレタ、キプロスなど地中海の島々にゾウが生息したが、フローレス島のステゴドンと同様に矮小化した種。
214・Tobias, V. P.: *An afro-european and euro-african human pathway through Sardinia, with notes on humanity's world-wide water traversals and proboscidean comparisons.* In: Human Evolution 17 (3), 2002, p.157-173.
215・McComb, K., et al.: *Long-distance communication of acoustic cues to social identity in African elephants.* In: Animal Behaviour, Vol. 65, 2003, p.317-329.
216・氷河期における世界の海水位が低下した段階では、ジャワ島、スマトラ島、ボルネオ島、マレーシアはアジア本土と陸続きで、スンダと呼ばれる大きな半島を形成していた。
217・Argue, D., et al.: *The affinities of Homo floresiensis based on phylogentic analyses of cranial, dental, and postcranial characters.* In: Journal of Human Evolution, Vol. 107, 2017, p.107-133.
218・Will, M., et al.: *Long-term patterns of body mass and stature evolution within the hominin lineage.* Royal Society Open Science, 8 November 2017.
219・Mijares, A. S., et al.: *New evidence for a 67,000-year-old human presence at Callao Cave, Luzon, Philippines.* In: Journal of Human Evolution, Vol. 59, 2010, p.123-132.

220. Detroit, F., et al.: *A new species of Homo from the Late Pleistocene of the Philippines.* In: Nature, Vol. 568, 2019, p.181-186.

221. Ingicco, T., et al.: *Earliest known hominin activity in the Philippines by 709 thousand years ago.* In: Nature, Vol. 557, 2018, p.233-237.

222. Wade, L.: *New species of ancient human unearthed in the Philippines.* In: Science, 10 April 2019.

223. Tocheri, M. W.: *Unknown human species found in Asia.* In: Nature, Vol. 568,2019, p.176-178.

224. 人類が海を渡ったのはもっと早い時代であることを示唆するものが出土している。地中海のクレタ島や、ソマリアとイエメンに挟まれたアデン湾にある小さなソコトラ島で、旧石器時代の道具と思われるものが見つかった。とくにソコトラ島は、アフリカの角とアラビア半島のあいだに位置するため、有用な情報となるかもしれない。発見物は、初期のヒト属が作ったと考えられる、アフリカ東部のオルドワン文化の道具に似ていたからだ。しかし、これまで十分に科学調査されていない道具の寄せ集めであるらしい。つまり、自然のプロセスによって形成された可能性もある。（参照）Runnels, C., et al.: *Lower Palaeolithic artifacts from Plakias, Crete: implications of hominin dispersals.* In: Eurasian Prehistory, Vol. 11, 2015, p. 129-152. Aleksandrovic, S. V.: Die Erforschung der Steinzeit-Epoche auf Sokotra. 2010.

第20章　無毛の長距離ランナー——走るヒト属

ヘメロドロームと呼ばれる古代ギリシャの急使は、重大なメッセージを伝えるために、数時間で長距離を走る能力を持っていた。最も有名なヘメロドロームはフェイディピデス。紀元前四九〇年、ペルシア軍のマラトン上陸に際して、救援を求めるために、指揮官ミルティアデスが急使フェイディピデスをアテネからスパルタに送った。言い伝えによると、フェイディピデスは二四六キロメートルの距離を二日以内で走破したという。とても信じられない能力だ。それにしても、騎馬を送らなかったのはなぜか。その答えは、これだけの能力を持つ馬はいないから、というから驚かされる。トップクラスのアスリートは、一〇〇キロメートルを六〜七時間で走破できる。二四時間走の世界記録は三〇三キロメートル。しかも、なんと五〇〇〇キロメートル弱を五二日間でクリアするべき競技でのことだ[225]。短距離走では、ヒトより速く走れる動物はたくさんいる。ヒョウやピューマ、馬、レイヨウ、野生の犬のほか、カンガルーや野ウサギもそうだし、ほかにもたくさんの動物が、ジャマイカ人の短距離走記録保持者ウサイン・ボルトより速い。短距離走ではのろまなヒトが、長距離では誰にも負けないのはなぜだろうか。

　説明として考えられるのは、われわれの祖先が使った狩猟の戦術だ。ナミビアのサン人やメキシコのタラフマラ族は、現在も狩り立て猟を行うが、これは大昔からあったと考えられる[226]。ガゼルやノロジカを大勢で追い立て、やがて獲物が疲れ切って動けなくなるか、熱中症を起こして倒れるかしたところで仕留める。このような狩猟法はたいてい数時間かかる。狩り立て猟が得意なのは、ほかには野生の犬とオオカミしかいない。われわれの祖先は三万年以上前にオオカミを家畜化し、共同してマンモスやヨーロッパバイソンなど氷河時代の巨大な動物を狩ったと考えられているが、不思議ではない[227]。しかし、狩り立て猟の起源ははるかに古い。アメリカの人類学者ダニエル・リーバーマンは、ヒトの身体が長距離走に最適なのは、生体構造や生理機能のどの要素のおかげなのかを探る研究を数十年にわたって行い、この能力と人類進化を結びつけて長距離ランナー説を提唱した[228]。彼の説によると、猿人から原人を経てホモ・サピエンスに進化するプロセスは、歩行能力の継続的な最適化に従っている。このモデルで重要なのは、まず直立歩行が発達したことだが、初期のヒト属が長距離走の能力を身につけたのは、ずっとのちに単独に生じたいくつもの進化ステップによる。それでは、単純な二足歩行と、走る、または駆けるのとはどう違うのか。

倒れずに前傾するコツ

歩行は振り子を逆さにしたような格好で、体重を脚にかけて移動するため、それだけでも生物力学の傑作といえる。足を踏み出すたびに、身体のバランスが前と横にわずかに傾く。そのまま倒れないために、膝を交互に動かし、伸ばすことによってバランスを再び取り戻す。そうすることで全体重を片足からもう一方へと移すのだ。このとき、足の前部に体重が移行し、親指で身体を前に押しやることによって前進する。つまり、歩くという行為だけでも器用なバランスとりが要求されるのだが、実際には足の裏の面積は支えるべき体重とくらべてかなり小さい。走るときには、一歩ごとにつかのま身体が宙に浮き、その後の着地のたびに身体で衝撃を和らげることになる。そのうえ、このときの身体の重心は足の前に置かれる。足や脚にある腱および靭帯は、一歩ごとにエネルギーを保存する……伸びるために縮むばねのように。反対の動きによって緊張を解けば、エネルギーは再び自由になり、すばやく前進する。

簡単に表現するなら、〝走る〟のは前傾とキャッチのくり返しといえるだろう。意外なことに、速く移動する場合には、このほうが振り子のような従来の歩行よりエネルギー効率がいい。歩行の場合、腱や靭帯の弾性はそれほど重要ではない。

この独特な移動法を最適化するために、ヒトの身体はたくさんの変化を遂げた。そのさい、さまざまな身体部分や身体機能がたがいに作用し合う。安定性は改善され、骨格構造、体温調整、エネルギー保存などは特殊に適応した。これらを利用すれば、私たちは卓越した走者になれる。

細部をよく見ると、こうした適応が人類進化にとって高い重要性を持つことがわかる。まずは頭。猿人の段階で直立歩行が発達したとき、脊椎のつけ根にあたる大後頭孔は、頸筋から頭蓋の中央に移動した。この根本的な変化は、二足で歩きながら脊椎上部で頭の〝バランス〟をとり、前方を見るための前提だ。しかし、これだけでは、走るときに頭を身体の前にしっかりと維持するために相当な力を必要とする。そのため、ヒトの身体は強力な項靭帯を発達させた。これは、後頭部にある特徴的な骨の突起から頸椎の最下部まで通じている。チンパンジーや猿人にはつけ根にあたる部分がないが、ホモ・エレクトスやネアンデルタール人など原人では、つけ根の部分がわれわれのより強靭にできている。

われわれの頭、頸、上半身は安定的につながり、肩は機械的に分離してゆったりと一緒に揺れる。これは、走るときに脚の動きをバランスさせるための重要な前提となる。現生類人猿では、上半身と肩帯が機械的につながっている。この適応は木登りには役立つが、走るには邪魔になる。

走るとき、安定性を失わずに上半身の全体重を前に傾けるために、強靭な臀部筋系も発達した。臀部筋系は、ある意味で上半身の前傾に反対方向に働く。ヒトの大臀筋は最大の筋肉だが、類人猿のそれは比較的小さい。また、上半身と骨盤をつなぐ脊柱起立筋の繊維の束はとりわけ頑丈にできている。骨格を見ると、尾骨と腸骨にある脊柱起立筋のつけ根が大きいのがわかる。

そのほか、ヒトの胸郭も長距離走に最適な生体構造を持つ。四足歩行の動物は、走るときの衝撃を和らげるのに胸も使わなければならない。胸郭は脇から狭まっては広がることをくり返す。そのため、呼吸頻度は一歩につき一呼吸に固定されるので、呼吸と歩数をコーディネートする必要がある。その結果、どの歩調にもとりわけエネルギー効率の高い速度があり、馬が速足からギャロップになるように、速度を急にしか変更できない。ヒトは直立歩行なので胸郭は歩行に関与せず、そのため呼吸頻度と歩調の密接なつながりはない。だからペースをスムーズに変えることができる。

次に下半身を見てみよう。というのも、ヒトの足や脚も長距離走のニーズにうまく適応しているからだ。最も負担がかかるのは膝関節で、一歩進むたびに全体重の三倍ないし四倍を支えることになる。大腿部と脛骨をつなぐ関節面が明らかに大きくなっているのは、力効果をうまく分散するためだ。従来の二足歩行ではこうした生体構造上の適応は不要なので、猿人ではまだ生じていない。

速く持久的に走る能力には、体重と釣り合う脚の長さも重要だ。そのため、進化プロセスで大腿部が特別に長くなる一方、体重を減らすために上半身と腕は短くなった。ヒトのように長い脚を持つサルはいない。枝から枝へと大きく跳躍して移動する脚長のラングールでも、それほど長くはない。ヒトの並はずれた走行能力にとってもう一つ重要なのは、完全に形成された弾性のある足底弓で、このおかげで足から足への力の移行がずっとうまくできるようになった。従来の二足歩行のためなら、アウストラロピテクス・アファレンシスや「ルーシー」のような未発達の足底弓でも問題ないが、走るときにはかなりの力が足にかかるため、ヒトの中足骨もコンパクトに発達した。

この特徴は、人類進化史では初期のヒト属に初めて現れる。だが、走るのに役立つのは足底弓ばかりではない。外側の足指が比較的短いことも、足をローリングするように動かすのにプラスになる。長い足指はてこの作用があるので、速く前進できるが、身体の安定性は損なわれる[229]。この点で、進化は安定性のほうを優先したと思われる。おそらく全力疾走のときに転倒すれば、負傷する危険性が高いからなのだろう。

最も頑丈で太い腱であるアキレス腱のサポートも、走るのに欠かせない。ヒトのかかとは短いので、アキレス腱の張りは強く、そのぶん類人猿や猿人のそれよりよけいにエネルギーを伝達する。弓に張られた弦を思い浮かべるといいだろう。ホモ・サピエンスでは、絶滅したいとこともいえるネアンデルタール人よりさらにかかとが短い……つまり、われわれは最初から効率的な長距離ランナーだったわけだ[230]。

走る能力を向上させる運動器官と同時に、平衡感覚も適応した。平衡器官の重要な部分に内耳の三半規管がある。主として骨からなり、空間内の状況の変化や加速があれば検知する。ヒトの三半規管は、類人猿や猿人のそれよりずっと発達しており、速く走るときにバランスを保つのに役立つ。

不屈の狩り立てハンター

それでは、骨や足跡化石から再構築できない進化上の適応はどうだろうか。事実、われわれ現代人と比較するか、ほとんど同じ体格であれば、はるか昔にも似たような生理学的特徴を持っていたと仮定するかどちらかになる。たとえば、初期ヒト属の目がどのような構造を持っていたか、正確にはわからないが、われわれの場合は外眼筋によって敏捷な目の動きが可能で、速く疾走するときでも、短い〝露光時間〟でくっきりとした映像を捉えることができる。また、疾走中に詳細かつ均質な映像を得るために平衡感覚も関与しており、視覚、身体感覚、耳内の平衡器官が相互に連結して作用する。このおかげで、私たちが外界から得る視覚イメージは、ぶれたビデオのように揺れることはない。ジョギングのときや頭を左右に振るとき、またはオフロード車ででこぼこ道を走るときでも、イメージはスムーズで安定している。これはいわゆる〝前庭動眼反射〟のはたらきで、内耳の三半規管からの情報と外眼筋を結び合わせ、脳幹でコーディネートする。頭や身体の動き一つひとつに対して、目が正確に反対の動きをするように。必要な反応時間は八ミリ秒以内で、ヒトの中枢神経系のなかで最も反応が速く、231 この能力のおかげで全力疾走中でも位置感覚が保たれる。初期ヒト属も、狩猟のさいにこのメリットを利用したのではないだろうか。

熱中症になるのを防ぐというユニークな能力もそうだ。現代人には生体特有の〝クーラー〟が備わっているが、進化史がもたらした最も効果的なものといえる。われわれの身体には四〇〇万個以内の汗腺があって、重労働のときや暑いときに何リットルもの水分を排出する。水分が気化して外側から身体を冷やすのだ。汗をかく哺乳動物はほかにも多数いるが、ヒトとくらべると汗腺の数がはるかに少なく、しかも温かい毛皮を持つ。そのためハーハーとあえぐ、大きな耳から余分な熱を放出する、水たまりで転げまわる、川で泳ぐ、といった方法で効果的に体温を下げる必要がある。長距離を一気に走るのは、動物にとって命取りになりかねない。それを利用して、ヒトは数百万年前から狩り立て猟を行ってきた。発汗に伴う水分やミネラルの喪失を補うために十分な水を飲みさえすれば、ヒトは何時間でも走り続けることができる。

もう一つの理由は、ヒトの身体はほかの動物とは違う方法でエネルギーを蓄えることにある。動物はグリコーゲン、つまり一種の糖質として肝臓や筋肉に蓄え、短期的な需要に使う。そのおかげで、捕食者に襲われたときなどすぐに逃げることができるが、グリコーゲンは消費も早い。長距離を走るためにはエネルギーを脂質として蓄える必要があるが、それができない動物がとくに温暖な地域に多い。ヒトの場合、いまもなお尿酸酸化酵素の喪失による恩恵を受けている。これは一五〇〇万年前に遺伝子突然変異によってヨーロッパの類人猿に起こり、進化の過程で人類ラインに継承された。このおかげで血液中の尿酸値が上昇し、フルクトースを体脂肪として蓄えることができる。

長距離ランナーとしてのヒトを総合的に描写するなら、毛皮がなく、長距離走に最適な生体構造と哺乳類のなかで最も優れた冷却メカニズムを持ち、エネルギー効率の非常に高い生理機能を備えている、となるだろう。そう、狩り立て猟におあつらえ向き。トレーニングを積んだ状態なら、ほかのたいていの動物より持久力がある。初期の類人猿の化石を観察すると、ヒト属になって初めて、この特性が進化したことがわかる。猿人が直立し、二足歩行を始めてずいぶんと経ってからだ。つまりこのステップは、人類進化史における重要な一章をなす。長距離走をこなした最初のヒト属で知られているのは、ホモ・ゲオルギクス〈Homo georgicus〉……コーカサスのドマニシで出土した、一八〇万年前のヒト属である。

225. ニューヨーク市クイーンズで行われた〝自己超越三一〇〇マイルレース〟。このレースでは、一居住ブロックを何度も回る。

226. McDougall, C.: *Born to Run: Ein vergessenes Volk und das Geheimnis der besten und glücklichsten Läufer der Welt.* Heyne Verlag, München 2015.

227. Shipman, P.: *How do you kill 86 mammoths? Taphonomic investigations of mammoth megasites.* In: Quaternary International359 / 360, 2015, p.38-46.

228. Bramble, D.; Lieberman, D.: *Endurance running and the evolution of Homo.* In: Nature, Vol. 432, 2004, p.345-352.

229. Rolian, C., et al.: *Walking, running and the evolution of short toes in humans.* In: The Journal of Experimental Biology, Vol.212, 2008, p.713-721.

230. Raichlen, D. A., et al.: *Calcaneus length determines running economy: Implications for endurance running performance in modern humans and Neandertals.* In: Journal of Human Evolution, Vol. 60, 2011, p.299-308.

231. Braun, Rüdiger: *Unsere 7 Sinne - Die Schlüssel zur Psyche.* Kösel, München 2019.

第21章　火、精神、小さな歯——脳の発達に食習慣はどのように影響したか

樹木のまばらに生えたサバンナ。轟く嵐がほとんど一晩中続いた。いまもなお風が吹き荒れ、雷鳴が聞こえてくる。鋭い稲光が空を照らし出す。小高い丘の、突出した岩の陰のところに、原人一二名からなるグループが膝を突き合わせて座っている。空気は張り詰め、緊張が漂う。夜明け前に数百メートル離れた場所でサバンナアカシアに雷が当たった。ものすごい音がして木が燃え上がり、焼け落ちる枝から野火が起こった。原人たちは目を見開いて猛火を眺める。火が鎮まったのは、夜が明けてからだった。四名の男たちが握斧と石製ナイフを手に、調査に出かけた。

このようにして起きた火災の犠牲となるのは、小型動物ばかりでなく大型動物もいる。焼かれた肉は重宝がられた。楽に噛めるし、味も生肉よりずっといい。この日、偵察隊は最初から幸運に恵まれた。一頭のレイヨウが巨大な倒木に当たって死んだのだ。周囲では木の残りがくすぶるか、まだ燃えている部分もある。男たちは手早く手持ちの道具で毛皮をはぎ、骨から肉を切り取りにかかった。ふいに、すぐ後ろでハイエナの低い呼び声がする。男一人が反射的に燃える枝をつかむ。危険なライバルを追い払うために。

火を手にしていることに男が気がついたのは、ハイエナが逃げたあとだった。枝の端で火が燃えていても、反対の端なら火傷せずに持つことができる。好奇心と畏敬の混じった気持ちで、ほかの

男たちもおそるおそる燃える枝を手に取った。気をつければ火を運ぶこともできるらしい。男たちがこの日、キャンプにいる家族のところに持ち帰った最大の戦利品は、肉ではなく強力な炎だった。

人類発生において最も根本的な発見は、このようにして起こったのかもしれない。進化史にとって石器の発明よりもっと重要なのは、火の利用価値を認識したことだった[232]。

知識は広まり、炉がつくられた。燃料をたえず補給し、火が絶えないよう世話をして守った。火を熾す方法が発見された[233]のは、さらに数世代後のことだから[234]。キャンプを去らなければならないときは、火を樹皮で包み、木の葉をかぶせて運んだ。火はいちばんの宝物だったから。暗くて寒い夜に光と温もりを与え、周囲をうろつく大型ネコ科その他の動物から守ってくれる。食物を加熱でき、さらに安心感が得られる。

最初のグリルの跡

火の管理に成功したのはいつ、どこでだったのかということは、科学者たちの論争の的であり、いまのところ解明される見通しはない。問題は太古の火の跡をどのように解釈するかにある。自然に発生したものか、ヒトが熾したものか。南アフリカ北部、ボツワナとの国境付近にあるワンダーワーク洞窟[235]のケースでは、裏づける事実があると考えられている。入口から三〇メートル離れた洞窟内の、地面から二メートルの深さの場所で、国際研究チームが無数の焼けた動物の骨片や植物の残存物を発見した。すぐそばには、握斧など、初期のヒト属が加工した道具……原人ホモ・エルガステルに由来すると考えられる道具もあった。

考古学者が発見物の位置や灰の残存物の構造から判断したところによると、洞窟内の火は森林火災によるものではなく、ヒトが熾したものである。灰の層が厚いことから、同じ場所で何度も火を使ったと考えられ、研究者は一〇〇万年以上前と測定した。特殊な顕微分光法で検査したところ、骨断片は五〇〇度以下で加熱されたらしいことがわかった。木を燃料に使うと、ふつう約八〇〇度に達するのと、木炭の残存物がないことから、燃料に使ったのは大きな木片ではなく、葉、小枝、乾燥した草など小さな植物片だったと思われる。これらは完全に燃焼して灰となり、すぐに吹き飛ばされる。旧石器時代の炉であると証明できるケースがまれなのは、そのせいかもしれない。

ヨハネスブルグ近郊のスワートクランズ、ケニア、エチオピアでも、火を使ったらしい跡が見つかり、約一五〇万年前のものと推定された。ただ、これらは自然に発生した火であった可能性もある。中国では、ホモ・エレクトスの化石のそばで一七〇万年も前の焼かれた骨が見つかった。ハーヴァード大学の霊長類研究者リチャード・ランガムは、進化生物学的に考察し、すでにホモ・エレクトスに進化する前またはそのプロセスで、火の使用は人類進化にとって中心的な役割を果たしたという。つまり、約二〇〇万年前ということだ。そうでなければ、原人はそもそも生き延びられなかったのではないか。また、二〇〇万年弱という長い年月に、アジア、ヨーロッパ、アフリカの非常に異なる環境に定住できたのも、火の使用あってのことではないか、というのが彼の説だ[236]。

なぜなら、直立歩行のヒトは、解剖学的に現代人とよく似ている。身長一五〇センチ以上あり、われわれと似た足で同じように歩行し、原人や最初期のヒト属とは違って木登りが得意ではなくなっていた。木登りに適する手、腕、肩、胴体の解剖学的特徴がないのだ。そのため、おそらく寝るのも地面の上がほとんどだったのだろう。捕食動物やサイ、ゾウ、スイギュウなど住み処を踏みつぶしかねない危険な動物が身近にあり、知恵とチームワーク、木の棒や石、火によって対抗するしかなかった。火は暗闇に光と温もりをもたらし、捕食者をひるませたのだろう。

生肉食から加熱調理へ

ランガムの論拠で最も重要な点は、直立歩行のヒトの歯が比較的小さいことにある。六〇〇万年にわたる人類進化史のなかで、ホモ・ハビリスが生存してからホモ・エレクトスに進化するまでのあいだに、歯が明らかに縮小した。だが、これは噛み切りにくい生肉や繊維の多い根、硬い殻を持つ果物を食べる生物には向かない。そのため、彼は次のように結論した。小さい歯を持つ直立歩行のヒト属は、火を使い、ときには温泉で食品を加熱調理する能力を持っていたと考えなければうまく説明できない、と。加熱した食品は生のものよりずっと楽に噛める。材料を踏みつぶす、道具で小さく刻む、過熱する、といった手段によって、強力な咀嚼器官は不要になり、進化の過程でもう少し手ごろな歯になったのではないか。

加熱した食物は胃にもたれず消化しやすいばかりか、栄養価も高い。そのため、得られるエネルギー量はぐっと増える。でんぷんを多く含む穀物やジャガイモを加熱調理すれば、獲得するエネルギーは三〇～五〇パーセント多くなり[237]、タマゴでは利用可能なたんぱく質を四〇パーセントよけいに得られる[238]。こうして消化性と栄養利用性が改善されたおかげで、発達の過程でヒトの胃腸セクターはしだいに縮小し、消費エネルギー量がさらに減少した。浮いた分は、エネルギーに飢えた脳に投資される。また、焙ったり焼いたり煮たりしなければおいしくない食材もある。草の種子やでんぷん質に富む特定の塊茎などは、生ではとても食べられない。加熱によって硬い繊維質の部分が開かれるばかりか、特定の植物性毒素も取り除かれる。病原菌や寄生虫は死滅し、保存効果が生じる。

猿人は植物を主要食物としたのに対して、原人は動物の生肉を食生活に加えた。これが人類進化の重要なポイントだと考える科学者もいるが、リチャード・ランガムはそうではない。動物性および植物性の食材を加熱調理するようになったことが進化の鍵だったとみなしている。現在も狩猟採集生活を送る民族の食生活を見ると、大半はでんぷん質の豊富な根、木の実、果実からなる。ランガムは、原人の食生活もそのようなものだったと仮定している。

「歯が縮小したのは、エネルギーが得やすくなったことを示唆している。消化システムが縮小し、新しい生活空間を利用できるようになったしるしでもある。食品の加熱は、ホモ・エレクトスの進化にとって不可欠だった[239]」

もう少し現在の方向に視線を向ければ、ヒトの脳が現在の大きさになるためにも不可欠だったといえるだろう。

でんぷんから生まれた知性

大きく複雑なヒトの脳は、多量のエネルギーを必要とする。一日に必要なエネルギーの二〇パーセントと、血液中に溶け込んだグルコースの六〇パーセントは脳にまわされる。脳の重さは全体重の二パーセントにすぎないというのに。生物がこのように贅沢な器官を持てるのは、常に十分な燃料を補給できるからだ。火を使用するわれわれの祖先の場合、主な燃料は肉からではなく、でんぷんの豊富な植物の根を加熱したものから得たのだろう。でんぷんは、自然界から得られる〝燃料〟であるグルコースの、最もすぐれた供給源だ。多数のグルコース分子が結合してできているが、過熱することでクリスタル構造が失われ、完全に消化できるからだ。

われわれの初期の祖先が早くも〝糖質依存症〟だったことは、私の研究チームの調査からもわかる。一二五〇万年前の類人猿ドリオピテクス・カリンティアクス〈Dryopithecus carinthiacus〉にかなり進んだ虫歯が見つかったのだ[240]。一九五三年にオーストリアのケルンテン州で出土した歯は、意外な発見だった。虫歯という疾患は、約一万年前の農耕の発明……つまり新石器革命とともにもたらされたと考えられていた。加熱調理したでんぷんを多量に食べるようになったのはこのときからだと言われていたからだ。おもしろいことに、現生の類人猿にこの問題はない。アフリカ西部に生息する野生のチンパンジー三六五五匹を包括的に比較調査したところ、虫歯は〇・一七パーセントしかなかった。

でんぷんその他の炭水化物は、専門家がこれまで考えていたよりはるかに前から重要な役割を果たしていたらしい。バルセロナ自治大学の科学者カレン・ハーディが行った研究調査で、そのことを示す生理学的・遺伝的・人類学的・考古学的な証拠が得られた。ハーディの考えでは、ヒトの脳が驚くほど急速に発達したのは、でんぷんによるところが大きい[241]。現在のわれわれの遺伝子を見ても、そのことはわかる。でんぷんの結合を分解する酵素アミラーゼが、ヒトのゲノム中に多くコード化されているのだ。ほかの霊長類では、この遺伝子のコピーがわずかに存在するにすぎない。最新の遺伝子研究によると、この特殊な性質は早くも一〇〇万年前に発達していたらしい。火を使って食物を加熱するようになったことと、アミラーゼ遺伝子の増加は、長期間にわたって一種の共進化として進行した、というのがハーディと同僚たちからなる学際的研究チームの考えだ。たんぱく質を豊富に含む肉が脳の飛躍的発達に一役買ったのはたしかだが、そもそもでんぷん質の食物を加熱調理したことで、ヒトは賢くなった、と。それでは、火がなければ私たちの精神は生まれなかったのだろうか。

　超高性能なわれわれの脳は、進化プロセスを通して大きさ平均一三〇〇立方センチメートルに成長し、八〇〇億個以上の神経細胞を持つにいたった。生肉や加熱しない植物だけを摂取したのでは、このような脳が発生することはなかっただろう。このように結論したのはブラジル人科学者のチームで、現生類人猿の食習慣と、脳が必要とするエネルギー量を厳密に調査した結果だ。[242] 木の葉、花、果実を主食とする成体のゴリラが、ヒトの脳と同じ比率を持つ脳に栄養を与えるとすると、二時間よけいに食べなければならない。ゴリラはそれでなくても食物摂取と消化に最長八時間を要するので、それ以上食べるのは無理でもある。一日の時間は限られているのだから。

　チンパンジーも木の葉や森の果実を主食とし、コロブスなどはときどき死んだ動物の肉も食べるが、やはり何時間もかけて食物を探す。彼らの見つける食物は非常に硬くて消化しにくいので、やっと噛んでいくらか消化したときには、もう日が暮れてしまう。石器時代のヒト属がそのような生活をしていたら、日の出から日の入りまでのあいだに採集、狩猟、小さく刻む、咀嚼、消化するだけのエネルギーをまかなうチャンスはとてもなかっただろう。生肉だけを食べたとしても、たいして変わりはあるまい。道具を作ったり社交したりする時間は残らない。だが、加熱調理するようになったおかげで、噛むのにかかる時間は五分の一から一〇分の一に減った。こうして、火を扱うヒト属は余暇ができ、創作したり、焚火を囲んでうわさ話などもしたかもしれない。

火のおかげで食事が改善され、余暇ができた。だが、現代人への道のりで火がもたらしたもっと大きな変化がある。それは現在もなお危険だが、不可欠なことだった。炎のなかで槍や弓矢のやじりを鍛える、湿った粘土で形成したものから陶器を作る、鉱石から金属を取り出して武器を形成する、森林を焼き払って開墾し、農地を獲得する、といったことだ。火の使用によって、ヒト属は徐々に環境から独立し、やがて文明の発達を引き起こす。現在では発電所、自動車や船や飛行機の内燃機関に火が利用されている。そのために使われる莫大な燃料は、恐竜時代よりずっと前にできたものだ。人類が最初に火を使ってから現在まで、二〇〇万年弱が経過した。これは六万五〇〇〇世代に相当する。火の支配は人類だけでなく、環境、気候、地球を根底から変化させたことを、もっと理解するべきだろう。

232. 火のコントロールについては、すでにチャールズ・ダーウィンが「言語と並んで、人類が獲得した最も重要なもの」と記している。

233. 硫黄を含む黄鉄鉱を火打石と一緒に使えば火を熾すことができる。ヒトが黄鉄鉱を使ったことへの最古の示唆は、三万二〇〇〇年前のもの。オランダ人とフランス人の科学者による最近の調査から、早くも五万年前にネアアンデルタール人が火の熾し方知っていたらしいという指摘がある。ホモ・サピエンスはおそらくネアンデルタール人から方法を学んだのだろう。

234. Sorensen, A. C.; Claud, E.; Soressi, M.: *Neandertal fire-making technology inferred from microwear analysis.* In: Scientific Reports, Vol. 8, Nr. 10065. 2018.

235. Berna, Francesco, et al.: *Microstratigraphic evidence of in situ fire in the Acheulean strata of Wonderwerk Cave, Northern Cape province, South Africa.* In: Proceedings of the National Academy of Sciences of the United States of America, May 15, 2012.

236. Wrangham, Richard: *Feuer fangen - Wie uns das Kochen zum Menschen machte.* DVA, München 2009.

237. Adler, Jerry: *Why Fire Makes Us Human.* In: Smithsonian Magazine, June 2013.

238. Wrangham, Richard: *Catching Fire - How Cooking Made Us Human.* London, 2010.

239. Wrangham, Richard: *Catching Fire - How Cooking Made Us Human.* London, 2010.

240. Fuss, J., et al.: *Earliest evidence of caries lesion in hominids reveal sugar-rich diet for a Middle Miocene dryopithecine from Europe.* In: PLOS ONE 13 (8), 2018.

241. Hardy, Karen, et al.: *The Importance of Dietary Carbohydrate in Human Evolution.* In: The Quaterly Review of Biology, Vol. 90, September 2015.

242. Fonseca-Azevedo, Karina; Herculano-Houzel, Suzana: *Metabolic constraint imposes tradeoff between body size and number of brain neurons in human evolution.* In: PNAS November 6 2012, 18571-18576.

第22章　声が結ぶ社会――警告から文化へ

思考や感情を顔の表情、ジェスチャー、音声によって表現する能力は、人類文明の重要な基礎をなす。複雑な言語がなければ、たくさんの人々が協力し合う活動は実施できない。言語は革新的な業績で、これがなければ、農業や商業はなかったし、宗教や国家、文学や芸術は存在しない。言葉ができ、のちに文字ができなければ、人類の発達がこれほど急速に進むことはなかっただろう。言葉によって人々に意思を伝え、気持ちやモチベーション、気分や考え方を知らせることができる。言語は人々を結びつけ、孤立から守る。思考するのにも言語を使う。アイデアや問題解決法を人々と分かち合いながら発展させ、知識を拡大するのに役立つほか、生き延びるのも助けてくれる。意識を開く鍵であり、私たちの真実をなすものでもある。

それでは、話す能力が生じたのはいつだったのか。また、そのための生体構造、遺伝子、精神的および社会的前提は何だったのだろうか。

言語がどのように発生したのか、数百年間にわたって多数の学識者が頭を悩ませてきた。ジャン＝バティスト・レマルク、チャールズ・ダーウィン、アルフレッド・ラッセル・ウォレスらが進化論を発展させるよりずっと前のことだ。啓蒙時代の最も有力な思想家の一人であるヨハン・ゴットフリート・ヘルダーは、一七六九年に発表した著作のなかで、言語は神の贈り物ではなく、純粋な人間の発明である、と挑発的に論じている。当時これは尊大な見解とみなされ、多くの人々の不興を買った。その後、言語の起源についての議論が活発に行われ、現在まで続いている。

ワンワン説からラララ説まで

あっという間に数限りない理論が広まった。大部分は単なる憶測で、軽蔑的な別名をつけられたものもある。プープー説によると、「あっ」「わー」「おお」のような感情を表す音声から言葉が生まれた。ワンワン説では、周囲の音……犬の吠え声、ブタの鳴き声、木の葉の擦れる音、鳥のさえずりなどをまねたいわゆる擬声語が言語のもととされる。「シューッ」などがその例だ。ディンドン説は、大昔の人々が何かをするときに自然に発した音声で、もとは特定のものごとや人物を連想させるものだったと捉えている。たとえば「ママ」という言葉は、赤ちゃんがお乳を飲むときにたてる音声などから生まれた。ほかにはエイヤコーラ説がある。集団で骨の折れる労働をするときに出すリズミカルなかけ声や歌声が言語の始まりだったというものだ。ラララ説は儀式的な踊りや音楽、まじないを起源とし、カランコロン説は、あらゆるものは自然の共鳴を持つため、思考内に特徴的な音を生み出すと考える。[243] こうした説は、まだいくらでもある……。

現在の言語学の仮説では、われわれの祖先は、経験したことや周囲の動物、植物、物体、人物と結びつけて特定の音声を出すようになった、とされている。そこから、短い音声をつなげただけの原始的な祖語といえるものが発生した。言い換えるなら、想定される特定の〝概念〟をいつも同じうなり声や叫び声、歯擦音によって発音したということだ。「あぶない。ライオンだ！」「ヘビだ。

大きい。危険！」といった簡単なメッセージだったのだろう。典型的なジェスチャーや特徴的な表情を音声に添えて。だが、これならケニアのサバンナに棲むすばしこいベルベット・モンキーにもできる。[244]

現在の研究の視点から見ると、この考え方は単純すぎる。一方では、声は生物学的にどのように形成されたのかという点に触れていないし、もう一方では、あらゆる言語の基礎構造である文法の土台がどのようにして加わったのか、説明されていないからだ。文法がなければ個々の概念の関係がわからない。文法があってこそ、複雑な内容を相手に伝え、それが過去のことか、現在または未来のことなのかがはっきりする。有意義なコミュニケーションにとって文法がいかに大事かということについて、カナダ人心理言語学者スティーブン・ピンカーが著書『The Language Instinct』（邦訳『言語を生みだす本能』日本放送出版協会刊）のなかにいくつものわかりやすい例を描写している。周囲に食用になる動物がいる場合と、こちらが襲われて食べられる可能性のある動物がいる場合、見つけた果実が熟している場合と、熟した段階が過ぎてしまった場合、これから熟する場合が区別される。[245]

文法礼賛

動物たちは、叫び声を発して警告したり、現在地や餌のある場所を知らせたりする。これはゴリラや小鳥、チンパンジーやクジラと、じつに多数の動物に共通する。文法的構造を使用するわれわれの言語は、こうした音声をはるかに超えるものだ。科学者がサインランゲージやコンピュータ、キーボードのシンボルを使って訓練したところ、二五〇語の異なる言葉を習得した賢いチンパンジーも数匹いる。しかし、三〜五語からなる初歩的な文がせいぜいで、それ以上を習得することはなかった。

言語の起源についての研究では、化石として残された特定の解剖学的特徴と明白に結びつけることができないために、いくつもの形跡によってなんとかして追求しなくてはならない。困難な作業といえる。喉頭の形や位置からいろいろなことがわかるだろうが、咽頭は組織なので、残された化石はない。出土した化石の頭蓋の形、舌骨、口部、舌の筋肉を結ぶ神経が通過する頭蓋の開口部などから言語の発達について推測することができる。しかし、そうした化石化した情報は、痕跡探しにおいてまれにしか得られない。最も意味があるのは、人類進化のプロセスでどれだけ脳体積が増加したかで、これは頭蓋骨のかたちからかなり確実に読み取ることができる。十分な脳の容量は、さまざまな要素を含む言語を習得し、複雑に構築された言語器官の運動機能を調整するための重要な前提だ、とほとんどの専門家は考えている。多数の音声を区別して明確に発音するために、横隔膜、舌、歯、口蓋、鼻、喉頭、声帯、唇、一〇〇条を超える筋肉を微調整して連動させなければならない。

後期のホモ・エレクトスの脳は、現代人の平均脳体積の約三分の二だった。すでにかなりの知性と習得力を持っていたことは、火の使用や入念につくられた握斧からもわかる。しかし、大脳皮質にある前頭葉は、おそらくかなり未発達だったと思われる。前頭葉は、われわれの頭では額のすぐ後ろにあり、思考を整理するとともに、言語の作成、自我意識、個性の発生に重要な役割を果たす。

ホモ・エレクトスの頭では、現代人と違い、この部分がわずかしかない。われわれの脳の増大の大部分は、この領域で起きている。ということは、当時の直立歩行のヒト属には、敏捷な舌も豊かな会話もなかったのだろう。それでも、ジェスチャーや表情によってすでにかなりよく意思疎通していたと考える研究者もいる。[246]

言語のゲノムを求めて

いつ話し言葉が発達したのかについては、現在の科学的議論では大きく意見が分かれている。今から一〇万年前という科学者もいれば、一〇〇万年以上前だと考える科学者もいる。アメリカ自然史博物館のイアン・タターサル元館長と言語学者ノーム・チョムスキーによると、有意義かつ論理的な文章構成のためには象徴的思考が欠かせないという。[247] つまり、事物や経験を概念化して、ジェスチャー、音、描写、物体などでシンボル化して表現する能力のことだ。象徴的思考については、芸術的に作成された発見物がヒントを与えてくれる。これまで発見された最古のものは、南アフリカのブロンボス洞窟のオーカー顔料を使った網目状の絵で、約八万年に引っ掻かれたものだ。そこから、言語の源泉はせいぜい二〇～一〇万年前ではないか、とタターサルは推測する。

しかし、近年の古遺伝子学の研究は、それよりずっと前までさかのぼると示唆している。とくに二〇一〇年にネアンデルタール人のゲノム研究が初めて発表されて以来、[248] 現代人のゲノムとの比較分析が多数行われ、興味深い結果が得られた。話す能力という点では、俗に〝言語ゲノム〟とも呼ばれるＦＯＸＰ２[249]への関心が高い。

ロンドン在住の家族に現れる、遺伝性言語障害の原因がゲノムの変異にあることは、すでに一九九〇年代に確認された。驚いたことに、ゲノム変異は三世代にわたって伝わり、家族の半数は発音ばかりでなく、文章構成や理解にも障害があった。

ＦＯＸＰ２は、わずかに変化した形で多数の哺乳動物に存在する。実験用マウスの場合、ゲノム変異によって運動障害が生じる。[250]また、マウスは超音波を使ってのコミュニケーションはできない。[251]ＦＯＸＰ２はほかの無数のゲノムの相互作用を調整しているため、微小な変異でも大きな作用をおよぼす。ヒトのゲノムでは、文法能力を含む言語習得に重要な役割を果たすこと、通常の言語の習得には言語ゲノムの機能コピー二個を必要とすることがわかっている。

遺伝子的にホモ・サピエンスに最も近いチンパンジーが持つＦＯＸＰ２は、特徴的な二つの部分でヒトのそれと違い、オランウータンでは違いが三カ所ある。つまり、人類進化プロセスにおいて言語能力の方向転換となったのは、この遺伝子の変異だったのかもしれないわけだ。ネアンデルタール人と比較すると、驚いたことにＦＯＸＰ２は現代人のそれとほぼ一致していることから、さらにはっきりする。

オランダのナイメーヘンに所在するマックス・プランク心理言語学研究所では、われわれの祖先がいつから話すようになったのかを探る研究が過去数年間にわたって行われてきた。遺伝学、解剖学、考古学に関する入手可能なデータすべてを使った包括的な評価[252]から、ネアンデルタール人は会話をしていた可能性が高いという結論に達した。また、言語の発生は、現代人とネアンデルタール人に共通の最後の祖先までさかのぼるという。これに相当するのは、おそらくホモ・ハイデルベルゲンシス〈Homo heidelbergensis〉〈ハイデルベルク人〉で、最古の発掘物は六〇万年前のものだ。あるいは、それよりもう少し発達した直立歩行のヒト属だったかもしれない。

この説を裏づけるのは、いくつかのファクターがある。言語ゲノムの分析結果もそうだし、この時代に胸髄の厚さが増したことは、呼吸筋のコントロールが改善されたことを示す。また、神経の通路が拡大して舌の操作性がよくなったことや、大脳皮質のなかで知覚したものを処理する部分や運動機能をつかさどる部分が増大したこともそこに含まれる。それに、発声機能に重要な舌骨の形は、ネアンデルタール人と現代人でよく似ている。

言語は非常に長い時間をかけてゆっくりと発達した。遺伝子的および文化的な「小さな変化の寄せ集め」によるものだった。[253]「ネアンデルタール人、デニソワ人、現代人の持つ言語や文化の能力は似ている」。心理言語学者たちの考えによると、言語の前段階は一〇〇万年以上前にすでに生じていたかもしれないという。ということは、人類進化史において初めて航海したと考えられているフローレス人がすでに基礎的な言語能力を持っていた可能性も除外できない。そうでなければ旅行プランを実行するのは無理だっただろう。

協調性の持つ価値

話す能力がいかに重要かということは、言語学習の基礎にゲノムの特別プログラムがあることからもわかる。繊細な言語習得段階が成熟するのは四カ月から一〇歳までで、この期間にわれわれはよく吸収し、なんの苦もなく言葉を使いマスターしていく。それを過ぎると言語を習うのは困難になり、語彙や文法がなかなか覚えられなくなる。外国語を学ぶために速習トレーニングも作成されるが、言語がそれほど大事なのはなぜだろうか。

最も一般的な説は、狩猟や食物採集のさいに情報を交換するため、話す能力が欠かせず、それが自然淘汰の利点となったというものだ。しかし、これはたくさんある側面の二つにすぎない。

イギリス人心理学者でオックスフォード大学教授のロビン・ダンバーは、霊長類の研究から、大脳皮質の大きさと社会グループの大きさのあいだに相関関係があることを発見した。チンパンジーは約五〇個体からなるグループで生活するのに対し、ヒトは約一五〇個体からなるソーシャル・サークルの一部として存在する。これは〝ダンバー数〟と呼ばれ、原始的部族社会における平均的な村落グループの大きさに相当する。また、現代のソーシャル・ネットワークのなかで重要な人物の数でもある。グループの大きさが一定数を超えると、連帯感をもたらす非言語コミュニケーションだけでは足りなくなる。触れ合うコミュニケーションでは一個体としか意思疎通できないが、言葉を使えば多数の個体を相手にすることになる。

集団力学がしだいに洗練化すると、ほかの個体の思考や感情を理解する能力が必要になってくる。サルの群れからヒトの原始社会への移行には、心ゆくまで〝うわさ話やおしゃべり〟をすることで十分だったのではないか、とダンバーは言う。いわばソーシャル・キットとしての〝うわさ話コミュニケーション〟によって、たがいの感情を伝えることができる。グループ内でしてもいいこと、誰が慣習を破ったか、誰が正直で誰が盗みを働いたか、がまんできない人がいるとか、誰と誰が寝たかといった内容だ。[254] 現在でも、人間関係の話題が日常会話の六〇パーセントを占めている。こうしたことは気楽に話せる。靴ひもの結び方とか水道の蛇口の取りつけ方といった技術的に難解なことがらよりも、お隣りさんの変わった行為について話すほうが気が張らなくてすむ。スモールトークでは、内容よりも声の抑揚やリズムが重視されることもある。というのも、大事なのは感情を伝え合うことにあるからだ。

ほかの個体が何を考えているかということにこれほど興味を持つ生物は、ほかにはいまい。われわれの高度に発達した共感力のおかげで、ほかの人たちのことをいろいろ推し量れる。私たちは、ほかの人々のプランや動機や意図を読むのを得意とするばかりか、経験や興味やルールを分かち合うことにも熱心なのだ。

人類学者・行動学研究者マイケル・トマセロについては、自由になった手がどのような意味を持つかを描写したときに触れたが、トマセロは幼児とチンパンジーの比較研究をくり返し行い、子どもは二つの性質においてサルより優位にあることを観察した。ヒトの子どもは、仲間の考えを読んだり自意識を発達させたりできるばかりか、自発的に仲間に手助けする用意がある。子どもたちは、「与えよ。そうすれば、自分にも与えられるであろう」と教えなくても、生まれつき知っているのだ。ヒト属のほとんどは、個人の発達の初期から〝私たち〟の観点で世界を見ることができる。その点で類人猿とは違う[255]。トマセロはこれを、人間の文化習得能力と呼ぶ。話し言葉が発達すると、会話が上達するばかりか社会性も向上する。そのため、大きな社会施設は言語発達のルーツであり、進化の功績である言語はソーシャルスキルを非常に強化した、とトマセロは考えている。

家族、友人どうし、利害グループ、スポーツクラブ、隣近所の集まりでは共感的かつ親切にふるまう人々も、利害の合わないグループ、外見や言語の異なるグループに対しては拒否的になったり敵対的になることもある。私たちは親族や親しい人々からなるグループでは共感を求め、尊重され評価されたいと願う一方で、外部に対しては一線を引く。これは、食物やつがう相手といった資源をめぐる競争が生存に非常に大きな意味を持っていた、暗い先史時代のなごりといえる。ソーシャルスキルが未発達だった時代の暗い側面。だが、内省する能力や仲間と会話する可能性によって、こうした溝を埋める手段を持つようになる。

言語と意識の相互作用のほかにもう一つ、人類進化にとって重要な観点がある。賢いヒトが最終的に動物界を超越することになったのは、文化革命への可能性のためだ。話す能力があるおかげで、広範な知識をグループ内のたくさんの仲間に伝えるチャンスができた。生物進化において、情報は個人から個人へ、または世代から世代へと伝わる。しかし、言語によって情報は短時間でグループ内に伝播するため、文化革命は急速に進んだ。

経験と伝統に基づく情報の伝達は、動物のあいだでも行われる。鳥はあちこちでさえずりの方言を磨き、クジラは独特の捕獲法を開発して伝統として受け継ぐ。チンパンジーのグループでは、ある薬草にいい効力があるという経験を仲間うちに知らせる。とはいえ、限られた小さな範囲で、手振りやものまねを使ってのことだ。ペトログリフ、音楽、儀式などと結びついた言語によって、情報交換は完全に新しいレベルに到達した。経験、知識、世界観といったことが語りや歌によって維持されていく。やがて六〇〇〇~五〇〇〇年前にティグリス川とユーフラテス川にはさまれたメソポタミア地域で文字が生まれ、文化技術として〝広まっていった〟。こうして知識の量はヒトの脳の許容量に制限されなくなったため、爆発的に増大した。
メソポタミアに住む人々が最初に記録したのは、農作物の収穫高や国王の法令だったが、文字が広まり、洗練化されて変化していくにつれ、教養のある人々がさまざまな形式で記録するようになる。収穫記録や法令のほかに詩や物語、叙事詩、戯曲、医薬品、建築マニュアル、知識の集成、聖書といったものが生まれた。その後、印刷技術の発明や電子情報処理によって開発は加速化する。言語や文字がなければ、技術、社会、文化におけるブレイクは起こらなかったはず。ロケットによる月到達もなければ、社会保障もバッハのオラトリオもなく、原子爆弾もなかった……。

ダヌヴィウスやグレコピテクスの生存した数百万年前、少しずつ直立歩行が進行して手が自由になっていったのが始まりだった。ずっとのちに食習慣の変化や言語の開発につながり、やがてわれわれ現代人の高度な社会構造ができる。論理的かつ直線的なプロセスに思われるのは現時点から振り返って見るからで、実際には無数の種が関与する絡み合った進化だ。地球に生息したあらゆるヒト属のうち、生き残ったのはホモ・サピエンスだけ。それでは、この種が最終的に生き延びたのはなぜだろうか。

243・Zimmer, Dieter E.: *So kommt der Mensch zur Sprache.* Heyne, München 2008.
244・Cheney, Dorothy; Seyfarth, Robert: *How Monkeys See the World.* The University of Chicago Press, Chicago 1990.

245. Pinker, Steven: *Der Sprachinstinkt.* Kindler, München 1996.

246. Walter, Chip: Hand & Fuß-Wie die Evolution uns zu Menschen machte. Campus, Frankfurt/Main 2008.

247. Bolhuis, Johann J.; Tattersall, Ian; Chomsky, Noam; Berwick, Robert C.: *How could language have evolved?* In: PLOS Biology, August 26, 2014.

248. Green, Richard E.; Krause, Johannes, et al.: *A draft sequence and preliminary analysis of the Neandertal genome.* In: Science, Vol. 7, Mai 2010.

249. FOXP2遺伝子（Forkhead box protein P2）は、重度の言語障害を持つロンドンの一家族のもとで一九九〇年代に発見された。FOXP2はほかの無数の遺伝子による相互作用を調整しているため、わずかな変化でも大きな影響をおよぼす。転写因子やたんぱく質複合体のプログラミング、ほかの遺伝子のオンオフ切替調整によって特定領域の遺伝物質を結合させる、といった機能を持つ。

250. Shu, W.; Cho, J. Y., et al.: *Altered ultrasonic vocalization in mice with a disruption in the Foxp2 gene.* In: PNAS July 5, 2005, S. 9643-9648.

251. Fujita, E.; Tanabe Y., et al.: *Ultrasonic vocalization impairment of Foxp2 (R552H) knockin mice related to speech-language disorder and abnormality of Purkinje cells.* In: PNAS February 26, 2008, S. 3117-3122.

252. Dediu, Dan; Levinson, Stephen C.: *Neanderthal language revisited - not only us.* In: Science direct - Current Opinion in Behavioral Sciences 21, 2018.

253. Dediu, Dan, Levinson, Stephen C.: *On the antiquity of language - the reinterpretation of Neandertal linguistic capacities and its consequences.* In: Frontiers of Psychology, 5 July 2013.

254. Dunbar, Robin: *Grooming, Gossip and the Evolution of Language.* Harvard University Press, Cambridge 1996.

255. Tomasello, Michael: *Warum wir kooperieren.* Suhrkamp, Berlin 2010.

第六部　だれかが突破口を開いた

第23章　複雑な多様性――系統樹の持つ問題

長いあいだ自明とされてきた古人類学の知識は、ここ数年間ですっかりかき回された。いまや新たに調整しなおさなければならない。無数の新しい発見物によって謎が提示され、全体像のなかに組み込むのが困難になっている。個々のヒト属の境界は流動的で、定義づけが難しいこともある。原人から現代人へと通じる証明可能で明確な系図は、これまでの研究からは得られていない。チンパンジーと分岐してからの人類進化の道は、系統樹というよりも複雑に入り組んだ河川網さながらで、枝分かれしたかと思うとまた一緒になるものもある。ほかの支脈はしだいに衰えて細流となり、やがて消滅する。

われわれに最も近いヒト属に関していえば、科学知識の状態は近年大きく変わった。何種類のヒト属が存在したかという問題はまだ解決されておらず、どの基準によって個々の種を区別するかということになると、意見が大きく割れることもある。発見物はたいてい身体の一部だけであり、異なる種のつながりがはっきりしないことも一因だが、同じ種でも生体構造の違いが大きいことも判断を困難にする。想像してみるといい。身長二メートル一三センチの元バスケットボール選手ディルク・ノヴィツキーと、身長一メートル六九センチのサッカー選手リオネル・メッシの化石を未来の科学者が並べて見たとき、解剖学的な差のある同種とみなすか、異なる二種とみなすか、という問題に直面することになる。

そのため、ホモ・エレクトスとホモ・サピエンスだけが確実なヒト属だとする極端な立場をとる科学者もいる。現時点の古人類学における一般的な説は、ある程度区別可能な一二種である。

ホモ・ハビリス〈Homo habilis〉
ホモ・ルドルフェンシス〈Homo rudolfensis〉
ホモ・ゲオルギクス〈Homo georgicus〉
ホモ・エルガステル〈Homo ergaster〉
ホモ・エレクトス〈Homo erectus〉
ホモ・アンテセッサー〈Homo antecessor〉
ホモ・ハイデルベルゲンシス〈Homo heidelbergensis〉
ホモ・ナレディ〈Homo naledi〉
ホモ・フローレシエンシス〈Homo floresiensis〉
ホモ・ルゾネンシス〈Homo luzonensis〉
ホモ・ネアンデルタレンシス〈Homo neanderthalensis〉
ホモ・サピエンス〈Homo sapiens〉

わかりにくいのは、一般の人たちばかりではない。同じ化石発掘物が二つないし三つの異なる名前を持つことすらあるのだ。ザンビアのブロークンヒルで出土した三〇万年前近くの骨格断片は、四つの種名――ホモ・ローデシエンシス〈Homo rhodesiensis〉、ホモ・アルカイクス〈Homo arcaicus〉、ホモ・ハイデルベルゲンシス、ホモ・サピエンス――を持つ。この多様性をいくらか整理してみたい。

知識が最も不足しているのは初期のものなので、本書では簡略化して〝初期のヒト属〟と記している。二五〇～一四四万年前に由来し、エチオピア、ケニア、マラウィで出土したホモ・ルドルフェンシス、ケニアとタンザニアのホモ・ハビリスがある。おそらく中国で発見された「巫山人」もここに含まれる。身長一五〇センチ、体重五〇キロ以下の小柄な生物で、[256]脳体積は五八〇～八二〇立方センチメートルだったらしい。最も小柄なホモ・ハビリスは身長一メートル、体重はせいぜい三五キロだった。解剖学的特徴はアウストラロピテクスのそれとよく似ているため、猿人といえるかもしれない。アウストラロピテクスについては、木登りが得意だったことが証明されている。

現在一般的な説では、最古の原人は道具を作成した種とされている。最古の礫器は二六〇万年前のもので、アフリカ東部、エチオピア、アルジェリアばかりでなく、イスラエル、ロシア、インド、中国でも出土している。しかし、アウストラロピテクス属のなかにも器用な手を持つ個体がいたらしい示唆があるので、猿人が作った礫器もあるかもしれない。

アウストラロピテクスや〝初期のヒト属〟に生体構造が近い種としては、フィリピン出土のルソン原人やインドネシア出土のフローレス人もある。

図27　原人ホモ・ゲオルギクスの頭蓋骨（ジョージア、ドマニシ出土）

ジョージアで発見された謎の原人

とくによく研究された原人にホモ・ゲオルギクスがある。一八五～一七七万年前に生存した種で、ジョージアのドマニシで出土した。頭蓋を含む骨格断片五個体分は非常によく維持されており、氷河期初期の原人で最もよく全体像をつかむことができた。

最も特徴的なのは、原始的な部分とかなり進化した部分が混じっていることにある。比較的小さい脳も原始的な特徴で、五五〇～七五〇立方センチメートルというと〝初期のヒト属〟に相当する。身長一五〇センチと体格もわりと小柄なほか、上腕のつくりがかなり未発達だ。腕をだらりと垂らしたとき、ホモ・ゲオルギクスの手のひらは前方を向く。これは類人猿、猿人、フローレス人に共通で、現代人の手のひらは太腿に向く。だが、下肢の構造は解剖学的に発達し、ホモ・サピエンスのそれにかなり近い。ホモ・ゲオルギクスの脚は長く伸び、弾性のある足底弓が形成されているので、最初の〝走る〟ヒトだったといえるだろう。

こうしたことは、通説となっているアフリカ単一起源説と完全に矛盾する。アフリカ単一起源説によると、アフリカ以外の地では、原人は一〇〇万年より少し前に初めて存在し、身長一七〇センチ、脳体積一〇〇〇立方センチメートル以上あることになるからだ[257]。ドマニシで発見された化石によって、この説の矛盾は明らかになった。[258] もう一つ興味深いのは、歯のない高齢のオスの化石で、顎の骨の退化現象から、歯のない状態で何年も生存したことがわかる。[259] 保護を受けなくては、このお年寄りが一八〇〇万年前に生き延びることはできなかっただろう。民族学の研究によると、原始民族にこのような状況があると、グループの仲間が食物を噛んで与えることがわかっている。こうすることで高齢者の抵抗力が強まるとともに、進んで手助けする仲間がすぐれたソーシャルスキルと共感力を持つことが前提となる。真の〝人間的〟行動といえるだろう。

ホモ・ゲオルギクスの持つこうした解剖学・社会学的特徴と地質学的年代から、アジアの典型的な原人とされるホモ・エレクトスの前身である可能性が高いと考える科学者もいる。ホモ・エレクトスは、これまで地球に最も長く存在したヒト属だ。一五〇〇万年間存続したため、長期間の〝記録〟が残されている。

氷河時代、サバンナスタン、旧世界

猿人アウストラロピテクス属から原人であるヒト属への移行については、すでに述べたように化石による不十分な記録しかないので、憶測の余地が大きい。確実にいえるのは、三〇〇万年前と二〇〇万年前のあいだに生じたということだ。しかし、発掘物が乏しいため、何が発達のきっかけとなったのか、地理的な位置はどこだったのか、といった詳細については意見が分かれている。通説ではアフリカが〝初期のヒト属〟発生の地とされている。アウストラロピテクス属の存在が証明されたのはアフリカしかないからだ。進化の基本ファクターとして、気候変化が大きな位置を占めている。たしかに二六〇万年前に起きた、かなり温暖な鮮新世から氷期と間氷期の交替する氷河時代への移行は、地球史後期における劇的な気候変動といえる。この変動がヒト属誕生のきっかけとなり、有名な直立歩行の原人ホモ・エレクトスの進化につながった。

氷河期初期の特徴は約四万年ごとに訪れる氷期で、山岳地帯および北極地方に氷河が形成された[260]。氷期に両極地方や氷河地域で水から氷殻ができると、温暖な地帯は乾燥し、海水位が低下した。気候変動を引き起こしたのは、大陸プレートの移動とそれに伴う海流の変化、さらに火山活動の活発化だ。しかし、推進させたのは、地球が楕円軌道で周回するために太陽光が周期的に変化することと、斜めでアンバランスな地軸である。

氷が形成されるとともに、海水位が最大一二〇メートルと急激に低下し、冬のように寒く乾燥した気候条件が生じて草原が拡張した。間氷期になると気温は上昇して場所によっては現在よりずっと高くなり、湿気が多く、海水位が再び上昇する。場所によっては現在より五〇メートル[261]高い位置まで上がった。

氷期の寒さが厳しくなると、砂漠がますます広がっていった。埃のように細かい化石からなる大量の黄土が、二六〇万年前に中国北部に、二四〇万年前にカスピ海沿岸に堆積し[262]、ゴビやカラクムなどの砂漠は、地球の気候リズムに従って拡大・収縮した。アフリカ北部とアラビア半島の砂漠によって旧世界砂漠地帯が形成され、現在も大西洋岸のモーリタニアからモンゴルまで伸びている。

荒涼とした砂漠のために、初期の人類進化はアフリカ東部および南部に限定されたと考える科学者は多い。しかし、周期ごとに変化する砂漠辺縁地域の地形は、初期の人類進化プロセスをまさに加速化する要素を持つのではないだろうか。というのも、樹木の多い生息環境と、樹木のまばらなサバンナや草原の地形とが比較的短期間で交替したからだ。とくに地中海地域や、ヨーロッパ東部から中央アジアにかけての地域にそれは顕著だった。頻繁に変化する環境で生き延びることができたのは、順応のうまい原人に限られていた。道具の発明、火の利用の発見といったことで順応したのかもしれない。不安定な生活条件では、淘汰も強く作用する。そのため、知性、創造性、柔軟さといったことが、サバイバルにとってますます重要になってくる。

というのも、取り組むべき問題は気候変動ばかりでなく、それに伴って動植物界も根本的に変化したからだ。とくに変化が激しかったのはアジアとヨーロッパだった。

氷河時代初期、ユーラシアに初めてウマが現れた。現在のシマウマやロバの祖先にあたるウマ属の発祥の地は北米だが、氷河形成によって海水位が低下したため、北米とシベリアを結ぶベーリング地峡を通過してユーラシアに到達した。いくらもしないうちにユーラシア大陸に拡散し、二三〇万年前にアフリカに達した。オオカミ、ジャッカル、コヨーテの祖先も北米に由来し、旧世界には二一〇万年前に出現している。逆の道をたどったのはマンモス属で、アフリカを起源とし、氷河時代が始まる直前に生活圏をユーラシア大陸全土に拡大し、のちに北米に到達している[263]。

氷河期における地中海地域では、ユーラシアとアフリカの種を合わせた哺乳動物相があった。アフリカ北部を見ると、キリンやマンモスとともにヤギ、クマ、タヌキが生息する一方、ヨーロッパ南部にはゲラダヒヒやカバが生息した[264]。

南北の動物相がかなり混淆していることから、アフリカ、ヨーロッパ、アジアを切り離して独立したシステムと考えるべきではない、とイギリス人先史学者ロビン・デネルとオランダ人先史学者ウィル・レーブレークスが批判している。[265] 実際には大陸間の生態学的境界は流動的で、たとえば雑草や草本を主体とするサバンナや草原は、旧世界砂漠地帯の両側に存在する。デネルとレーブレークスは、気の利いた上位語〝サバンナスタン〟を発案した。アフリカ北部からアジア東部に伸びる砂漠地帯の北側と南側の草原生態系全体を指す。グローバルな気候の影響下にある地域といえる。人類発祥の地はアフリカではなく、サバンナスタンだったのではないだろうか。生態学、気候、進化史の状況を考慮すると、一つの大陸に焦点を当てたのでは狭すぎるのだ。謎の多いデニソワ人がそのことを物語っている。

256. Grabowski, et al.: *Body mass estimates of hominin fossils and the evolution of human body size.* In: Journal of Human Evolution, Vol. 85, 2015, p.75-93.
257. Gibbons, A.: *A New Body of Evidence Fleshes Out Homo erectus.* In: Science, Vol. 317, 21 September 2007, p.1664.
258. Dennell, R.; Roebroeks, W.: *An Asian perspective on early human dispersal from Africa.* In: Nature, Vol. 438, 2005, p.1099-1104.
259. Lordkipanidze, D., et al.: *The earliest toothless hominin skull.* In: Nature, Vol. 434, 7 April 2005, p.717-718.
260. 二六〇万年前から七〇万年前の期間では、氷期の訪れるサイクルは約四万年。その後、九万年の氷期と一万年の温暖期というリズムに変化し、現在はその状態にある。変化した原因については、まだ完全に解明されていない。
261. Jakob, K. A.: Late Pliocene to early Pleistocene millennial-scale climate fluctuations and sea-level variability: A view from the tropical Pacific and the North Atlantic. Thesis, University of Heidelberg. 2017, p.212.
262. Wang, X., et al.: *Early Pleistocene climate in western arid central Asia inferred from loess-palaeosol sequences.* In: Scientific Reports

6:20560, 2016.
263. Kahlke, R.-D.: *The origin of Eurasian Mammoth Faunas.* In: Quaternary Science Reviews, Vol. 96, 2014, p.32-49.
264. Martinez-Navarro, B.: *Early Pleistocene Faunas of Eurasia and Hominin Dispersals.* In: Fleagle, J. G., et al. (Eds.): *Out of Africa I: The First Hominin Colonization of Eurasia, Vertebrate Paleobiology and Paleoanthropology,* 207, 2010.
265. Dennell, R.; Roebroeks, W.: *An Asian perspective on early human dispersal from Africa.* In: Nature, Vol. 438, 22 December 2005, p.1099-1104.

第24章　謎のファントム——デニソワ洞窟のヒト

二〇〇八年夏、ロシア人科学者のチームによる思いがけない大発見に、専門家ばかりか一般の人々も衝撃を受けた。シベリアの南、アルタイ山脈にある人里離れた谷で発掘を指揮したのは、ロシア科学アカデミーのミハイル・シュンコフとアナトリー・テレヴィアンコだ。アヌイ川から二八メートル上方の、絵のように美しい風景のなかにあるデニソワ洞窟は、この日まで一握りの専門家にしか知られていなかった。伝説によると、一八世紀に生存したデニスという名の移民にちなんで名づけられたという。早くも一九八〇年代に発掘が開始され、科学者たちは洞窟内の粘土質の堆積物をかなり深く掘り起こした。道具や装飾品が次々と出土したので、ヒト属の生物が長期間にわたって定期的に洞窟を利用したらしいことがわかった。最初はネアンデルタール人、のちにもっと進化したヒト属なのだろう。

発掘が進むにつれ、加工品のほかに無数の骨の断片が見つかった。大部分は動物の骨で、氷河時代のハイエナやホラアナライオンが仕留めて運び、洞窟内で食べた残存物と思われる。しかし、骨の多くは細かく砕けているため、どの動物のものか判断できない。

こうして二〇〇八年の発掘シーズンが訪れた。氷河時代を解くパズルのピースはたいてい微小なので、研究者はことのほか念入りに作業を進める。洞窟内はうす暗く、重要な断片を見落としかねない。そのため、慎重に掘り起こした堆積物を木箱に入れ、貨物輸送ロープウェイで河畔に運んでから、目の細かいざるで洗って骨の小片を取り出す。苦労は実り、これだと思われる小片が出てきた。ヒトの小指の末端と確認される。しかし、指の骨一個だけでは、どの種に属するかを決める十分な解剖学的情報は得られない。オプションは二つ、ネアンデルタール人かホモ・サピエンスのどちらかだ、とロシアの科学者二名は判断した。どちらも氷河期後期にこの地域に生息したことは、デニソワ洞窟の発掘物ばかりか、アルタイ山脈のほかの発掘地で出土した化石や加工品からも立証されている。そこで、遺伝子検査を行うことに決め、微小な骨片をマックス・プランク進化人類学研究所に送った。

原人の完全なゲノム

マックス・プランク進化人類学研究所では、スウェーデン人進化遺伝学者スバンテ・ペーボの率いるチームがネアンデルタール人のゲノム解析にあたった。ペーボは、大昔の骨からゲノムを抽出し、クローンを作って再構築する、配列決定と呼ばれる方法を一九九〇年代に開発した。まず、デニソワ洞窟出土の微小な骨片を穿孔して物質約三〇ミリグラムを取り出す。ミトコンドリアDNAと呼ばれる特別なかたちのゲノムを抽出するためだ。この部分は細胞核ではなく、微小な細胞小器官のなかに存在する。ミトコンドリアにエネルギーを供給するのが細胞小器官で、〝細胞の発電所〟と呼ばれることもある。細胞核から遺伝物質全体を再構築するよりも、ミトコンドリアDNAを解析するほうが容易だし、化石を分類するのに十分でもある。

配列を決めるのに重要なのは化石の保存状態で、数千年間埋まっていた場所の温度が低ければ低いほどよい。デニソワ洞窟は現在でも七度以下なので、指の骨から遺伝情報を引き出す条件は良好といえる。この検査から驚くべき結果が得られるとは誰も予想していなかったのだが、検査を担当したヨハネス・クラウゼが、二〇一〇年一月に思いがけずスバンテ・ペーボに電話をかけてきた。化石のＤＮＡはネアンデルタール人のものでもホモ・サピエンスのものでもないという。まさか、そんなことがあるのか。ペーボがまず考えたのは、同僚のミスではないかということだった。しかし、結果が正しいことはすぐに明らかになる。指の骨は、これまで知られていない種のものなのだ。絶滅した新しいヒト属を発見したことになる。すぐに細胞核の全遺伝情報を解析することに決め、再び微量のサンプルを骨から取り出した。成果はあった。

二〇一二年、研究チームは人類進化系統図の新しい仲間の完全なゲノムを発表し、デニソワ人と名づけた。新しい種としてホモ・アルタイエンシス〈Homo altaiensis〉と名づけることも考慮したのだが、生物学的に厳密な区別をつけるのが難しいため、このアイデアは破棄された。ネアンデルタール人にもある問題だ。ゲノム解析によると、デニソワ人はわれわれホモ・サピエンスよりネアンデルタール人に近い。それでもなお、長い進化の道を歩んできたのだ。ネアンデルタール人とデニソワ人の共通の祖先は約四五万年前、デニソワ人とネアンデルタール人とホモ・サピエンスの共通の祖先は八〇〜六〇万年前までさかのぼるのだから。[266]

科学者たちは、共通性の解明を続け、数年かけてネアンデルタール人のゲノムを解析したところ、現代人はネアンデルタール人のＤＮＡの一〜三パーセントを持つことがわかった。ただし、アフリカ人は例外で、ホモ・サピエンスは氷河時代後期にアフリカを出て初めてネアンデルタール人と交わったという第二次出アフリカ説と合う。

では、デニソワ人もわれわれのなかに痕跡を残したのだろうか。デニソワ人のゲノムを地球上のさまざまな地域に住む現代人のそれと比較したところ、さらに興味深いことが判明した。パプアニューギニア、オーストラリア、ソロモン諸島の原住民とフィリピンに住む数部族は、デニソワ人のゲノムを五パーセントまで持つのだ。[267]だが、これらの地域はシベリアから数千キロメートルも離れている。

これについては次のように説明できる。この時代、ユーラシアにおけるヒト属の生息地は二つに分かれていた。アルタイ山脈はデニソワ人が生息する最も西側の地域である一方、ネアンデルタール人はこれより東には移動しなかったのではないか。つまり、ネアンデルタール人はヨーロッパや近東に住み、デニソワ人は残りのアジア地域に生息したということになる。

メナージュ・ア・トロワ

デニソワ人は、「ホビット」やルソン原人[268]と同じくいくつもの島に侵入したのだから、なかなかの業績といえるだろう。人類進化史のそれほど早い時期に可能だったとは、誰も考えていなかったことだ。研究者の一部が説くようにホモ・サピエンスとデニソワ人がオーストラリアまたはニューギニア島で初めて混合したとすると、デニソワ人はウォレス線[269]（二二一頁の図参照）を渡らなければならなかったはずだ。その前にフローレス人も渡ったウォレス線は、東南アジアに位置する生物地理学の境界で、氷河時代の海水位が最も低かったときには海峡が存在した。つまり、このバリアを超える動物の交流はまず考えられない。ウォレス線は、現在のインドネシアのバリ島とロンボク島のあいだを通り、北上してボルネオ島とスラウェシ島を隔て、フィリピン南部に達する。東南アジア西側と、ウォレス線で分けられた東南アジア東側、オーストラリア、オセアニアとでは、大きく異なる動物界がある。

早期のヒトの移動にとって、海峡は困難な障害だった。国際研究チームの最新報告によると、デニソワ人はこの難関を突破したのだろう[270]。研究結果によると、現在ニューギニア島に住む人々は、デニソワ人の三五万年前に分岐した進化ライン二つの遺伝子を持つという。また、デニソワ系住民は三万年前まで生存したらしいこともわかった。

確かなのは、デニソワ人とホモ・サピエンスがたくさんの場所で会い、子孫をつくったこと。二〇一八年にデニソワ洞窟で発見された化石は、大きな話題を引き起こした。数々のヒト属のあいだに新しい一章が加わったのだから。そもそも化石が見つかったのは、オックスフォード大学の専門家数名の粘り強さのおかげといえる。骨片がひどく破損していても、あるいはきわめて微小でも、的確に正体を突き止める方法を、彼らは数年をかけて開発した。骨に含まれるコラーゲンのなかに蓄積された、いわば分子の指紋といえるものを、質量分析法によって読み取る。これは動物の種類、またはヒトと動物でさまざまに異なる。この方法のもう一つのメリットは、短時間で多数のサンプルを評価できることにある。

方法を試すために、デニソワ洞窟で出土した骨片がいっぱいに詰まった袋がロシアの科学者から送られてきた。このなかからヒトの残存物を探す。最初のトライアルで七〇〇個のサンプルを調べたが、成果はなかった。次の一五〇〇個のなかから一個、長さ二センチくらいの骨がヒトのものであると判明した。ところが、どのヒト属なのかわからない。そこで、あらたにライプツィヒの古遺伝学者に調査してもらったところ、完全に予想外の結果が得られた。「デニー」と名づけられたその骨は、ネアンデルタール人の母とデニソワ人の父を持つ娘だったのだ。交雑によって生まれた子が見つかったのは、これが初めてだった[271]。一〇～九万年前、異なる二種のヒト属が関係を持って生まれた子は、死んだとき少なくとも一三歳になっていた。「デニー」の遺伝子情報から、デニソワ人とネアンデルタール人がわりと頻繁に共通の子孫をもうけていたことがわかる。「デニー」の父であるデニソワ人の祖先のなかに、ネアンデルタール人が混じっているのも発見された。また、「デニー」のネアンデルタール人の母親は、アルタイ山脈で発見されたほかのネアンデルタール人よりも西欧に生息する種族と深い血縁関係にあることがわかった。つまり、ネアンデルタール人はかなりの距離を移動したのだろう。何の変哲もない微小な骨片のなかに記録された、ネアンデルタール人とデニソワ人による共生の興味深い歴史といえる。

　解析されたデニソワ人の完全なゲノムが発表されると、そのデータを利用して世界中の科学者が現代人のゲノムとの比較研究を行った。二〇一四年に発表された研究結果によると、〝スーパーアスリート遺伝子〟とも呼ばれるＥＰＡＳ1遺伝子のヴァリエーションの一つは、太古のデニソワ人から伝わった可能性があるという[272]。現在ではとくにチベット人がこの遺伝子を持つ。高地において酸素を非常に効率よく利用するはたらきがあるのだ。そのおかげで、チベット人は酸素の薄い山岳地帯でも肉体的にきつい仕事をこなし、標高四〇〇〇メートルを超える地域での生活に見事に順応した。最も有名なのはシェルパで、フィットネスとキャパシティを買われて、ヒマラヤ山脈登頂をめざす登山家に案内人兼ポーターとして雇われてきた。この遺伝子を持たない人は、標高の高い場所では体内にヘモグロビンと赤血球をよけいに生産することによって酸素の欠乏を補う。だが、そのために血液濃度が上がるので、血栓が生じる危険が高くなる。最悪のケースでは脳卒中や心臓発作を起こしかねない。

二〇一六年にほかの専門家が発表した研究結果によると、グリーンランドのイヌイットもデニソワ人に由来する遺伝子を持つ可能性があるという。[273]このケースでは、身体が効率よく脂肪を熱に変換できるようにする遺伝子構造だ。氷河時代の気候条件では、この能力は大きなメリットがあったのだろう。氷河時代ののちの現代でも、寒冷な地域では生存にかかわる能力であり、淘汰的に遺伝したと考えられる。

デニソワ洞窟の発掘物によって人類進化史に新しい章が設けられ、これからも驚くべき事実を提供してくれるだろう。だが、これまでのところデニソワ人の外貌については何の手がかりも得られていない。ネアンデルタール人のように筋骨たくましくずんぐりした体格で、眼窩上隆起とひらたく引っ込んだ額を持っていたのだろうか。それとも、解剖学的にはわれわれホモ・サピエンスに近かったのか。その後、デニソワ洞窟から三個の歯が出土し、チベットでも間違いなくデニソワ人のものと確認された顎骨が発見されたが、さらに骨格や頭蓋骨が見つからない限り、生体構造を復元することはできない。その時が来るまで、デニソワ人はかつてユーラシア大陸広範に生息し、わずかな痕跡を残したファントムとして私たちの想像のなかに存在する。

266. 近年の研究結果によると、デニソワ人は遅くとも二〇万年前にデニソワ洞窟を訪れ、約五万年前までこの地域に存在した。ネアンデルタール人がデニソワ洞窟を訪れたのは、主として二〇〜一〇万年前。Douka, Katerina, et al.: *Age estimates for hominin fossils and the Onset of the Upper Palaeolithic at Denisova Cave.* In: Nature, Vol. 565, 30 January 2019.

267. 二〇一四年に発表された研究結果によると、大陸に住むアジア人および南米のいくつかの民族グループが、デニソワ人の遺伝子を約〇・二パーセント持つ。とはいえ、パプアニューギニア、オーストラリア、東南アジアの数島の住民の持つ明白な痕跡とくらべると、なけなしの量にすぎない。Prüfer, Kay, et al.: *The complete genome sequence of a Neanderthal from the Altai Mountains.* In: Nature, Vol. 505, January 2014.

268. インドネシアのフローレス島で発見されたフローレス人（別名「ホビット」）や、フィリピンのルソン島で出土したルソン人の化石から、初期のヒト属ばかりか、猿人も海を渡ったと推測される。

269. ウォレス線は、この地域を一八五四〜一八六二年に調査したイギリス人生物学者アルフレッド・ラッセル・ウォレスによって命名された。

270. Jacobs, Guy, et.al.: *Multiple Deeply Divergent Denisovan Ancestries in Papuans.* In: Cell, Vol. 177 (4), 2 May 2019, p.1010-1021.

271. Slon, Viviane, et al.: *The genome of the offspring of a Neanderthal mother and a Denisovan father.* In: Nature, Vol. 561, 22 August 2018, p.113-116.

272. Huerta-Sánchez, Emilia, et al.: *Altitude adaptation in Tibetans caused by introgression of Denisovan-like DNA.* In: Nature, Vol. 512,2 July 2014, p.194-197.

273. Racimo, Fernando, et al.: *Archaic Adaptive Introgression in TBX15/WARS2.* In: Molecular Biology and Evolution, März 2017.

第25章　多種のなかから残った〝賢いヒト〟

現在地球上に住む七〇億の人間は、生物学的にはホモ・サピエンスという唯一種に属する。〝賢いヒト〟という意味だ。三〇万年以上前に初めて進化のステージに登場したときには、唯一のヒト属だったわけではない。現在の知識によると、ユーラシア大陸とアフリカ大陸にはほかに七種のヒト属が生息した。

ユーラシア大陸に生息したのはデニソワ人、ネアンデルタール人、ハイデルベルク人、ホモ・エレクトス。東南アジアの島々にはフローレス人とルソン原人、アフリカ南部にはホモ・ナレディが住んでいた。しかし、共存は進化の観点からいうと長くは続かず、約四万年前には地球上のヒト属はホモ・サピエンスだけになった。わずか一万四〇〇〇世代のあいだに何が起こったのだろうか。多様だったヒト属がこれほどまでに激減したのはなぜなのか。生き残ったのがまさにわれわれの種だったのはなぜか。ほかの種は、氷河時代の巨型動物類と同じ運命に遭ったのだろうか。それとも、ホモ・サピエンスが絶滅させたのか。

印象的で巨大な肉食動物と草食動物からなる巨型動物類は、大陸によって様相が異なる。ユーラシアに生息したのは、マンモス、ホラアナライオン、ケブカサイ、肩まで二メートル以上もあるオオツノシカなどだ。アメリカには地上性ナマケモノ、サーベルタイガー、ゾウに似たマストドン、コロンビアマンモス、オーストラリアには有袋類のティラコレオ、ディプロトドン、二メートルもあるオオカンガルー、大きいもので身長二メートル、体重五〇〇キロの飛べない鳥ドロモルニスなどが生息した。これらはすべて過去四万年に絶滅している。

絶滅の原因は小惑星の衝突や気候変動ばかりではない。ホモ・サピエンスがしだいに精巧な道具を作り、長い時間をかけて生育する巨大な動物を追いつめていったのだ[274]。アフリカと、わずかではあるがアジア南部にゾウやサイのような大型哺乳類が生き残った。しかし、サイの角や象牙を求める密猟者のために絶滅の危機に瀕している。

〝過剰殺戮仮説〟を唱えたアメリカ人考古学者ポール・シュルツ・マーティンは、巨型動物類が絶滅したのは人類のせいだったのではないか、と早くも一九六〇年代に発表した[275]。その理由は、巨型動物類の絶滅はホモ・サピエンスの出現および拡散と相関しており、ほかのヒト属とは関係がないためだ。それでは、食料源を効率的に、絶滅するまで利用しつくし、ライバルや脅威になりかねないネアンデルタール人やデニソワ人を根絶する、といったことがホモ・サピエンスの特徴なのだろうか。

私はそうは思わない。状況を本質的に別の角度から見るべきだと考える理由は、遺伝子コードのなかにある。

われわれのなかの原人

現代人の遺伝子を研究しても、ホモ・サピエンスの系統発生については曖昧な成果しか得られない。主な理由は二つある。一つには、現代人のゲノムにまったく、あるいはごくわずかしか痕跡を残さなかった種がいること。子孫を残さずに絶滅したのか、特徴的なゲノムが淘汰されたのか。もう一つには、現在特定の地域に住む人々が数千年前にそこに生息した種と遺伝的つながりを持つのはまれなケースであること。そのため、たとえばヨーロッパ最初の農耕民族の遠い子孫は、現在では大陸にはおらず、イタリアのサルデーニャ島に存在する。石器時代、シベリア東部に生息した狩猟農耕民の子孫は現在アメリカにいる。また、アルタイ山脈のデニソワ人の遺伝子は、ニューギニアとオーストラリアの民族に残されている。つまり、人類進化史後期を理解する基本的な鍵は、絶滅種の骨または歯から得られる古遺伝学のデータにあるわけだ。[276]

古遺伝学の研究によると、われわれのゲノムの約二〜八パーセントは古代のヒト属、つまり、ホモ・サピエンス以外のヒト属に由来する。アフリカ、ユーラシア、オーストラリア、アメリカ……世界のどの地域に住む人もみな、古代の遺伝子を持つ。ただし、そうした特徴が示すのはいつも同じ遺伝子断片ではなく、別種のヒト属に由来することも多い。これまで現代人のなかに発見された遺伝子配列は、五種以上のヒト属のもので、地理的にはそれぞれ独自に拡散している。[277] ヨーロッパ人はネアンデルタール人の遺伝子を二パーセント持ち、[278] アジア人とアメリカ人はネアンデルタール人とデニソワ人の遺伝子を持つ。メラネシア人、フィリピン、ニューギニア、オーストラリアの人々は、四種のヒト属の遺伝子を最高八パーセント持つ。ネアンデルタール人、デニソワ人のほか、まだ分類されていない二種がそこに含まれる。さらに、アフリカ原住民のなかに、一〜二種の未知のヒト属の遺伝子が存在するらしい。[279]

遺伝子のこの部分は、別種のヒト同士が交配したことを意味する。種が違えば、見かけも行動もかなり違っていたはずだが、とくに気にしなかったのだろう。遺伝子的には、生殖能力を持つ健康な子が生まれるくらい近かった。こうした交雑は複数の種のあいだで起こったばかりか、別の時代、別の地域でも同じようにくり返された。[280]

われわれのゲノムには、古代の遺伝情報がさまざまなセクションに含まれ、それぞれ異なるプロセスを調整している。ネアンデルタール人の遺伝子は脳の発達[281]や神経細胞機能[282]と関係がある。デニソワ人の遺伝子は、骨や組織の成長をコントロールする領域に多い。[283]古遺伝学が過去二〇年間に解明した認識から、異なるヒト属の交雑があったことはもはや疑いを入れない。例外というより通例であり、現在ホモ・サピエンスと呼ばれる、多様で順応性の高い種が生まれる重要な要素だったのだ。[284]

無罪判決なのに、有罪

それぞれ異なるセクションではあるが、現代人はみな古代の遺伝子を持つ。大昔のヒト属のゲノムは、広域に拡散して現在まで保持されてきた。アフリカ以外の地域に住む人々はネアンデルタール人のゲノムの三〇パーセント、デニソワ人のゲノムにいたっては九〇パーセント保持しているというのが現在の通説だ。[285]それでは、これら初期ヒト属は絶滅した、といえるのだろうか。彼らはわれわれと混じり、われわれのなかにいまも生きているのではないだろうか。

現代人はみな、初期ヒト属の一部を体内に持ち、彼らの遺伝子はわれわれのゲノムの重要な要素をなす。ホモ・サピエンスは、かつて共生したヒト属を絶滅させたのではない。取り込んで融合したのだ。現代遺伝子学のおかげで、ホモ・サピエンスはほかのヒト属を残虐に滅ぼしたという罪からは免れたが、多数の動物を絶滅させた罪は消すことができない。ホモ・サピエンスが地球上に現れてからというもの、たくさんの種が人類の干渉によって姿を消した。その行為は過激に始まり、悪化の一途をたどった。生物多様性及び生態系サービスに関する政府間科学政策プラットフォーム（ＩＰＢＥＳ）の生物多様性協議会の評価によると、人類が自然に手を加えたために、現在約一〇〇万種の動植物が絶滅に瀕しているという。つまり、六五〇〇万年前に恐竜が絶滅してからこのかた最大の多様性消滅の危機だ。

人類進化の道をたどるとき、もう一つ考慮すべき状況がある。クロアチアとシベリア南部で発見されたネアンデルタール人二個体のゲノム全体を比較すると、異なるのは塩基対の〇・一六パーセントにすぎない[286]。五五〇〇キロメートルという隔たりにもかかわらず、遺伝的にはほぼ同一で、七〇億の現代人のなかから任意に選んだ二個体より近似している。つまり、ネアンデルタール人は、非常に低い密度で広域にわたって生息したのだろう。古遺伝学者の評価によると、効果的人口……つまり、人口を維持するために十分な、生殖能力を持つ個体数は、ネアンデルタール人やデニソワ人では二〇〇〇～三〇〇〇個体にすぎなかった。同時代のホモ・サピエンスでは、その五倍だったと考えられている[287]。この臨界を下回ると、血縁関係の近い男女が生殖することによって遺伝子障害が生じる危険が高まる。結果として生殖力が低下し、死亡率が上昇する。

ヨーロッパに生息するネアンデルタール人口は、数千しかいなかった。最後の氷河期における厳しい条件のもとでは、ヨーロッパにおける狩猟採集民は数百個体にすぎなかったと考えられている。[288]絶滅したのも、そのためなのだろう。間氷期の穏やかな気候条件のもとでも、ユーラシアの人口はせいぜい五〇〜一〇〇万人で、しかも数種類のヒト属が含まれていた。[289]これだけ少数の男女と子どもは、二五ないし五〇個体からなる微小グループを形成して、イギリスからカムチャッカ地方まで、はたまたシベリアからインドまでの広大な地域に拡散していた。研究結果によると、最後の氷河期の末期には、ユーラシアの人口は数万個体、地球全体でも百万個体以下だったという。ちょっとした条件の変化でも、〝人類実験〟は挫折したかもしれない。

状況が変化したのは、約一万年前に牧畜と穀物栽培が行われるようになってからだ。定住生活と農耕によって人口はまず数百万に増えるとともに、環境にますます強い影響を与えるようになる。創意豊かな〝賢いヒト〟は、森林を開墾し、動物を家畜化し、植物を栽培し……狩猟によって多種の動物を絶滅させていった。自分たちも環境の一部であることを忘れ、都市〝帝国〟を築く。やがて人口は数十億に膨らみ、資源へのニーズが飛躍的に増大する。この発展は、過去七〇年間に最高潮に達し、〝人新生〟――人類が地質や生態系に重要な影響を与える地質時代――を唱える科学者もいる。人類は明らかに動物界の上位に立ったが、劇的な成り行きが予測される。

気候変動は全人類にとって危険だと考えるだけでは足りない。大気、海洋、動植物界、地面を含む地球システムの全領域における致命的な展開が、人類の脅威となりかねないのだ。私の考えでは、とくに二つの展開が危険をはらんでいる。自然な生活圏の消滅と、残された資源に対する過激なアプローチ。人口急増にブレーキをかけ、成長に基礎をおかない新しい経済を樹立しない限り、破綻に向かって進むことになる。だが、気候よりも重大なのは社会的な破綻ではないだろうか。とはいえ、これはほかの書物で取り上げるべき問題である。

274. マダガスカルには、体重八〇〇キロ以上もある地上性の鳥エピオルニスや、体重二〇〇キロの原猿メガラダピスといった巨型動物類が生息したが、人類が初めて入植した一五〇〇年前とほぼ同じころに絶滅した。

275. Martin, Paul Schultz: *Prehistoric overkill.* In: Martin, P. S.; Wright, H. E. (Hrsg.): Pleistocene Extinctions: The Search for a Cause. Yale University Press, New Haven 1967.

276. ここでも自然によって大きな問題が生じる。化石物質に含まれる分子の痕跡は、低温乾燥でしか保存されないからだ。そのため、熱帯地域の化石におけるＤＮＡ検査はまず不可能なので、完全な全体像が得られることはあるまい。

277. 遺伝・形態・文化の統一性として、ホモ・サピエンスという人種のなかに統合された。ただし、人種という概念は、二〇世紀に人種問題として政治家に悪用されてマイナスなイメージを与えられた。（参照）Burda, H., et al.: *Humanbiologie.* UTB Basics, Verlag Eugen Ulmer, Stuttgart 2014.

278. 氷河時代のヨーロッパ人では、ネアンデルタール人の遺伝子は六パーセント。Fu, Q., et al.: *The genetic history of Ice Age Europe.* In: Nature, Vol. 534, 2016, p. 200-205.

279. Lachance, J., et al.: *Evolutionary history and adaptation from high-coverage whole-genome sequences of diverse African hunter-gatheres.* In: Cell, Vol. 150, 2012, p.457-469. Hammer, M. F., et al.: *Genetic evidence for archaic admixture in Africa.* In: Proceedings of the National Academy of Sciences 108 (37), 2011.

280. Posth, C., et al.: *Deeply divergent archaic mitochondrial genome provides lower time boundary for African gene flow into Neanderthal.* In: Nature Communications 8, 4 July 2017.

281. Gregory, M. D., et al.: *Neanderthal-Derived Genetic Variation Shapes Modern Human Cranium and Brain.* In: Nature Scientific Reports 7,24 July 2017.

282. Gunz, Philipp: *Neandertal introgression sheds light on modern human endocranial globularity.* In: Current Biology, 13 December

2018.

283. Akkuratov, E. E., et al.: *Neanderthal and Denisovan ancestry in Papuans: A functional study.* In: Journal of Bioinformatics and Computational Biology 16 (2): 1840011. 2018.

284. Ackermann, et al.: *The Hybrid Origin of »Modern« Humans.* In: Evolutionary Biology Vol. 43(1), March 2015, p.1-11.

285. Barras, C.: *Who are you? How the story of human origins is being rewritten.* New Scientist, 23 August 2017.

286. Prüfer, K., et al.: *A high-coverage Neanderthal genome from Vindija Cave in Croatia.* In: Science, Vol. 358, 2017, p.655-658.

287. Green, R. E., et al.: *A complete Neandertal mitochondrial genome sequence determined by high-throughput sequencing.* In: Cell, Vol. 134, 2008, p.416-426.

288. Hublin, J.-J.; Roebroeks, W.: *Ebb and flow or regional extinctions? On the character of Neandertal occupation of northern environments.* In: C. R. Palevol, Vol. 8, 2009, p.503-509.

289. Dennell, R. W., et al.: *Hominin variability, climatic instability and population demography in Middle Pleistocene Europe.* In: Quaternary Science Reviews, 2010.

マデレーン・ベーメ（Madelaine Böhme）
地球科学者、古生物学者。2009 年末からテュービンゲン大学の地球古気候学の教授に就任、人間の進化および古環境センター（HEPTübingen）の設立ディレクターを務める。最も著名な古気候学者および古環境研究者の一人であり、気候と環境の変化の観点から人間の進化を考察している。

リュディガー・ブラウン（Rüdiger Braun）
フリーランスの科学ジャーナリスト。大学で生物学と哲学を専攻したのち、情報誌『Stern』、『Geo』を中心に記事を執筆。週刊新聞『Die Woche』部長。科学情報誌『マックスプランク研究（MaxPlanckForschung）』編集長。

フロリアン・ブライアー（Florian Breier）
地理学、ドイツ学、政治学を専攻。1999 年から科学関連の記事や著書を執筆するほか、映画プロデューサーとしてドイツ公共放送ＺＤＦの科学番組「Terra X」、独仏共同放送局（arte）、西ドイツ放送（WDR）、南西ドイツ放送（SWR）等のためにドキュメンタリー映画を制作している。

シドラ房子（しどら・ふさこ）
新潟県生まれ。武蔵野音楽大学卒業。ドイツ文学翻訳家、音楽家。主な訳書に『空の軌跡』（ベルトラン・ピカール著、小学館）、『元ドイツ情報局員が明かす心に入り込む技術』（レオ・マルティン著、CCC メディアハウス）、『狼の群れはなぜ真剣に遊ぶのか』（エリ・H・ラディンガー著、築地書館）など多数。

ドナウ川《がわ》の類人猿《るいじんえん》

1160 万年前の化石が語る人類の起源

2020 年 11 月 20 日　第一刷印刷
2020 年 11 月 27 日　第一刷発行

著　者　マデレーン・ベーメ
　　　　リュディガー・ブラウン
　　　　フロリアン・ブライアー
訳　者　シドラ房子

発行者　清水一人
発行所　青土社

〒 101-0051　東京都千代田区神田神保町 1-29　市瀬ビル
［電話］03-3291-9831（編集）03-3294-7829（営業）
［振替］00190-7-192955

印刷・製本　ディグ
装丁　岡 孝治

ISBN 978-4-7917-7330-5　C0040
Printed in Japan